马克笔手绘

李国涛 ★ 著

MA KE BI SHOU HUI BIAO XIAN JI FA RU MEN

表现技法入门（视频教学版）

人民邮电出版社

北京

图书在版编目（CIP）数据

马克笔手绘表现技法入门：视频教学版 / 李国涛著
. -- 2版. -- 北京 ：人民邮电出版社，2017.10
ISBN 978-7-115-46144-5

Ⅰ . ①马… Ⅱ . ①李… Ⅲ. ①建筑画—绘画技法
Ⅳ . ①TU204

中国版本图书馆CIP数据核字(2017)第148126号

内 容 提 要

在建筑设计、室内设计、室外设计、装饰设计和工业设计以及其他相关领域里，都是通过手绘快速表现将设计者的构思传达给使用者的，而马克笔手绘快速表现更是初学者必须要掌握的设计手段之一。

本书以案例讲解的方式，从实用的角度循序渐进地讲解了马克笔手绘的相关知识，图文详实，语言精练。本书共 8 章内容：第 1 章讲解了马克笔手绘基础知识，第 2 章介绍了"方体训练法"表现单体线稿的相关技法，第 3 章介绍了马克笔上色技法；第 4 章~第 6 章分别介绍了马克笔表现室内单体与材质的相关技法、表现景观元素与材质的相关技法和表现建筑细部与结构单体的相关技法；第 7 章~第 8 章分别介绍了室内设计综合表现技法和景观设计综合表现技法。

本书适合作为初学者自学教材，也适合作为专业美术培训机构和高校相关专业教材；如果配合《马克笔手绘表现技法入门：建筑表现（视频教学版）》《马克笔手绘表现技法入门：室内表现（视频教学版）》，学习效果会更好。

◆ 著　　　　　李国涛
　　责任编辑　　何建国
　　责任印制　　陈　犇

◆ 人民邮电出版社出版发行　　北京市丰台区成寿寺路 11 号
　　邮编　100164　电子邮件　315@ptpress.com.cn
　　网址　http://www.ptpress.com.cn
　　北京盛通印刷股份有限公司印刷

◆ 开本：787×1092　1/16
　　印张：12　　　　　　　　　　　　2017 年 10 月第 2 版
　　字数：628 千字　　　　　　　　2017 年 10 月北京第 1 次印刷

定价：69.80 元
读者服务热线：(010)81055296　印装质量热线：(010)81055316
反盗版热线：(010)81055315
广告经营许可证：京东工商广登字 20170147 号

目　录

第5章

马克笔表现景观元素与材质 93

第6章

马克笔表现建筑
细部与结构单体 131

第7章

室内设计综合表现技法 158

第8章

景观设计综合表现技法 178

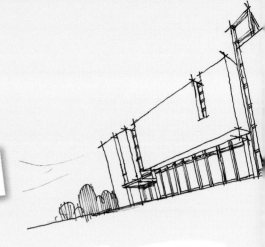

第1章
马克笔手绘基础

用马克笔手绘时，经常会用到勾线笔、色铅笔和色粉笔等，下面一一向大家介绍。

1.1.1 马克笔的选择

马克笔又称麦克笔，通常用来快速表达设计构思、设计方案以及设计效果图。马克笔有油性和水性之分（现在设计工作者多数采用的是油性马克笔），又分单头和双头，马克笔由于其色彩丰富、作画快捷、使用简便、表现力较强，且能适用各种纸张等特点，因此在近几年里成了设计师的宠儿。

油性马克笔

油性马克笔有以下几种常用的品牌。

韩国 Touch 的油性马克笔，双头，颜色丰富，价钱便宜，性价比较好。（本书是采用韩国 Touch 马克笔画图）

韩国 my color II 油性马克笔，颜色鲜艳饱和度高，笔的质量好，价钱稍微高些。

美国的三福油性马克笔，双头，颜色柔和耐用，价钱稍高些，与韩国 my color II 马克笔价钱差不多。

美国 AD 高端马克笔，上色效果好，颜色近似于水彩的效果，价钱贵，且气味比较刺鼻。

韩国Touch的油性马克笔

韩国my color II 油性马克笔

美国三福油性马克笔

水性马克笔

日本美辉水性马克笔，是比较常见的水性马克笔，用起来手感比较好，但笔尖比较窄小，表现大面积图形不方便。尊爵水性马克笔效果也不错，色彩偏灰。这两种水性马克笔都溶于水，与水结合使用有水彩画的效果。要注意水性马克笔的色彩不能多遍地叠加，否则会对纸张有伤害，影响画面效果。

日本美辉马克笔、尊爵马克笔

1.1.2 色铅笔

色铅笔之所以备受设计师的喜爱，主要是因为它有方便、简单、易掌握的特点，运用范围广，表现效果好，是目前较为流行的快速表现工具之一。

由于色铅笔的色彩种类较多，可表现多种颜色和线条，能增强画面的层次和空间。画出来的效果类似于铅笔，色铅笔表现的内容易于被橡皮擦修改或擦淡。在设计快速表现中，用简单的几种颜色和洒脱的线条即可表现出室内外设计中的用色、氛围及材料。

用色铅笔在表现一些特殊肌理，如木纹、灯光、倒影和石材肌理时，均有独特的效果。

1.1.3 色粉笔

彩色粉笔简称色粉笔，是一种用颜料粉末制成的干粉笔。一般为8~10cm长的圆棒或方棒，也有价格昂贵的像铅笔状的色粉笔。

常用的价钱比较便宜的色粉笔有文华堂色粉笔、马利色粉笔等，其色粉偏硬，价钱便宜，性价比高。酷喜乐、伦勃朗等品牌价钱比较贵，色粉软，色彩鲜艳。

酷喜乐色铅笔

文华堂色粉笔

1.1.4 勾线笔

手绘漫画创作、室内外设计方案的表达、手绘效果图的表现方案等方面都要用到勾线笔。勾线笔定义的范围是非常广泛的，下面介绍的这些笔都可以被称为勾线笔。

针管笔

针管笔又称绘图墨水笔，是专门用于绘制墨线线条图的工具，可画出精确的且具有相同宽度的线条。针管笔有两大类：一类是注水的，可以反复多次使用；另一类是一次性的针管笔，笔杆中的墨水用完了就不能再用了。我们多数用的是一次性的针管笔，针管笔的型号从0.1~2.0mm不等，在设计制图中至少应备有细、中、粗三种不同规格的针管笔。

一次性的针管笔可以选择的品牌非常多，如日本樱花、日本三菱、德国施德楼、德国红环等品牌，笔尖都比较耐用。

会议笔

常用的晨光0.5型黑色会议笔，这种笔虽然是会议用笔，但是在画图方面表现也不错，笔尖是毡尖头，与草图笔很像，但不耐用，多数情况是笔尖磨没了，墨水还有。价钱比较便宜。

中性笔

在市面上常见的以圆珠型笔尖和免再吸墨水笔芯为主的水性笔，因其便捷、洁净和书写流利等特点，被广泛使用，品牌众多，如爱好、日本三菱、晨光等。

针管笔、会议笔、中性笔

1.1.5 纸张

在练习阶段可以用打印纸、速写本、绘图纸、草图纸等进行练习。到高手阶段可以选用马克笔专用纸张、色卡纸（色卡纸相对白色纸要好画些，色调相对统一）、水彩纸等纸张。

打印纸、水彩纸、有色纸

1.2 手绘表现技法的基础知识

1.2.1 素描基础知识

素描是造型艺术的基础，是一种表达认识和思维的绘画形式。在效果图表现的学习过程中素描也同样占有不可替代的作用。经过素描基础知识的练习，对形体的观察、分析、空间比例等都有较深的认识，可以运用素描中的全因素素描表现体量感和空间结构关系，使画面生动逼真，富有艺术感染力。

素描中的结构素描又称设计素描，能更好地帮助设计者理解和表现形体、结构、空间，对初学者来说十分重要。素描是设计专业的基础，可以通过静物、人物、风景的写生和临摹优秀的素描作品提高素描基本功。

牛仔裤 作者 张蕊

结构素描静物 作者 胡秋红

学习素描的过程是学会概括主次、取舍、强调等观察方法和表达方式的过程，也是对形体的空间和在二维平面上的表现加深认识的过程。一幅马克笔设计手绘表现图中的素描关系的处理、黑白灰面积比的好坏，将直接影响到画面的整体效果。

花瓶 作者 康恒建

1.2.2 速写基础知识

速写顾名思义就是快速地描绘，同样是造型艺术的基础，也是一门独立的艺术表现形式。速写基础的训练无论对学生、设计师还是画家来说都是练习综合造型能力的最好方法。设计速写是设计师快速记录设计灵感、反复推敲设计方案的最好手段，以使设计师史好地理解、分析形体的形象特征与功能。在设计过程中能更快地表现形体，能在有限的时间内快速地完成设计方案的构思和创意草图，把设计灵感迅速记录下来。

1.2.3 色彩基础知识

人们借助光线能看见物体的形状与色彩，从而认识客观世界。而色彩是光作用在物体上反射于眼睛的结果，是人类视觉感受客观世界存在变化多样的形式。

色彩的调和

色彩的调和就是两种或两种以上的色彩按照一定的比例组织在一起，以求达到和谐、统一、愉悦的视觉效果，色彩调和的结果要与视觉心理反映相适应，要求色彩关系能够满足视觉心理平衡的需要。

画面色彩调和感的产生要靠画面共同色彩因素的积累，画面中这种共有的色彩因素越多画面就越和谐，或者说画面中同种色彩因素所占的总面积越大，画面就越统一、柔和。如在大自然的风景写生中画面中大部分是绿色植物，导致画面的主导色彩基调为绿色，占画面大面积的绿色调具有很强的协调感。

阮洋

（1）色相的近似调和

　　一幅绘画作品，只要不是素描，它就至少由两种以上的色相构成。那么画面各色相就色相环上的距离而言，相距越近者，则色相越类似，甚至趋于同一种色相。从理论上看，在色相环上相距5°以内的各种色被称为同一色；相距在45°以内范围的各色，互称类似色。同一色和类似色所构成的画面，因各种色相变化跨度不大，无疑是调和的效果，给人以统一性很强，但也略显单调。

黄建萍

刘翠翠

（2）明度的近似调和

　　有些绘画作品，画面上虽然色彩很复杂，种类繁多，但通过使各色明度差异缩小，达到明度近似的状态时，也在某种程度上降低了画面各色的对比因素，致使调和。但这种情形下的调和是有前提条件的，即各色的纯度不可太高。如果是高纯度的各种色彩，即使明度近似，又没有其他调和的手段参与，那也达不到调和的效果。

（3）纯度的色彩调和

只要我们所用的各种色彩的纯度较低，即大多数或全部色彩都是灰色、深沉之色，那么画面色彩的组合就一定是调和的。因为低纯度的颜色在视觉上没有多少冲击力。它们之间也互相融和其他的各种色彩，不产生抗争。所有的低纯度色彩在冷暖性上都靠向中性色，由这些含蓄、缓和的色彩构成的画面柔和、静谧、优雅而稳定。

康恒建

康恒建

1.3 手绘取景与构图

取景与构图在许多课程中都是基础内容，是视觉艺术最重要的前期工作，效果图中的取景与构图相比绘画艺术创作少了些主观强调，多了些客观写实。取景是在已有的原始画面中挑选美景，构图是在原有景色的基础上安排布置所画景物的位置使其更美丽、更符合人们的审美情趣。

1.3.1 取景

为什么要学会取景呢？在室内外写生中，面对映入眼帘的景物时，该怎样开始画第一笔呢？首先就要用到取景框。取景框相当于纸面，把所要描绘的景物主题置于取景框内，就等于放在了绘图纸上。

不同的取景角度，如俯视、仰视都会呈现出不同效果。在取景阶段就应思考为构图做怎样的铺垫，为最终完成作品打下基础。

（1）取景形式

取景形式有方形取景、圆形取景等。

（2）取景方法

①方形取景法

在取景时，一般采用的是用方形取景法，这是由人们日常生活的审美习惯所致，这也符合人们二维平面的欣赏习惯。

②圆形取景法

用圆形的取景方式画出来的手绘作品并不是很多，但在国画中常见到，画面更显饱满圆润。

1.3.2 构图

"构图"一词来源于拉丁语的"composition"，其含义是对造型素材进行取舍、组织、安排和建构，表现素材的联系及其结构法则等。

在中国传统绘画中称为"章法"或"布局"。"构图"更倾向于人的主观认识能动的组织建构，而"取景"更倾向于在客观事物自身存在的元素中进行选择、取舍，常见的构图形式有以下几种。

（1）三角形构图

三角形构图具有稳定性、平衡性的特征，斜三角形或倒三角形构图又有灵活性特征。以黄金分割点作为安排景观的主要位置，视觉上主体位置点可以强化，使画面活泼生动。

（2）水平线构图

水平线构图与视平线是平行的，画面主体物在左右或上下构图呈现视觉平衡，视觉结构平衡给人以稳定、安全、祥和满意的感觉。常用于表现开阔的景观场景。

（3）交叉线构图

画面中的景观呈斜线交叉布局，交叉点在画面内形成"十"字形或"x"字形构图特点，使视线引向交叉点，画面生动。交叉点也可以延伸到画面外呈斜线的构图特征。交叉线构图可以使画面的空间感更加强烈，具有活泼、轻松、舒展含蓄的特点。这种构图方式在效果图中是不常用的。

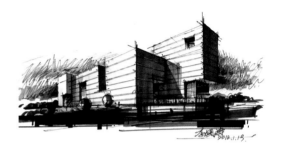

（4）垂直式构图

能突显主体物的雄伟高大，常用于表现高楼大厦，以及景观中的主体建筑物。

1.4 透视基础知识

透视图是假想在物体与观者的位置之间有一透明平面，观者对物体各点射出视线，与此平面交点相连接所形成的图形，称为透视图。

透视图是把建筑设计、景观设计、室内设计等设计中的平面图、立面图、剖面图，运用几何透视原理表现在图纸上，将二维平面图充分反映形体三维空间的绘画技法。

文艺复兴时期的透视 丢勒版画

（1）透视的基本术语

假设观测者面对一个透明的平面，这个透明平面就是成像面。以观察者眼睛为中心投影到成像面上，在成像面上形成图形，如右图所示。下面是透视的基本术语及其对应的英文简写。

画面（P.P）——假设为一透明平面。

基面（G.P）——建筑物所在的地平面为水平面。

基线（G.L）——地面和画面的交线。

视点（E）——人眼睛所在的点。

视平面（H.P）——人眼睛高度所在的水平面。

视平线（H.L）——视平面和画面的交线。

视高（H）——视点到地面的距离。

视距（D）——视点到画面的垂直距离。

灭点（V.P）——不在画面上相互平行的直线，消失在 H．L 上的点，也称为消失点。

视中心点（C.V）——过视点作画面的垂线，该垂线和视平线的交点，简称心点。

视中线（S.L）——视点和物体上各点的连线。

透视静物示意图

（2）透视的种类

透视一般分成三种：一点透视、两点透视和三点透视。一点透视只有一个消失点；两点透视也称为成角透视，有两个消失点；而三点透视一般用于俯视图或仰视图的高层建筑物或楼梯中。

①一点透视作图

利用物体与视点的连线在画面上形成的交点，再用这些交点与灭点连线画出透视平面，然后利用视高线画出物体的高度，这种透视图的作图方法称为视线法。

用视线法来解释一点透视的作图原理。

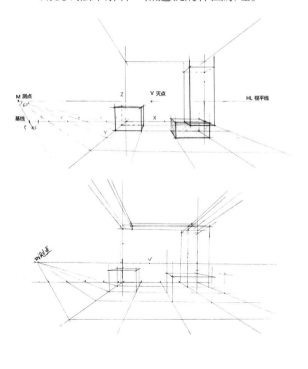

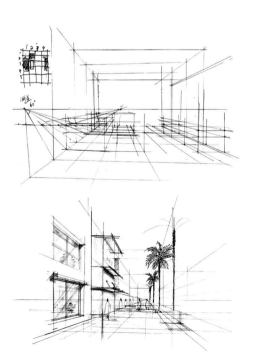

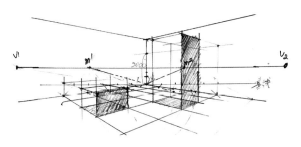

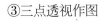

② 两点透视作图

用视线法来解释两点透视的作图原理。

③ 三点透视作图

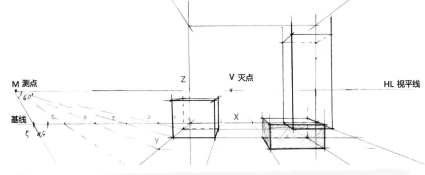

1.5 线条的练习

（1）徒手快速画直线练习

徒手画直线要用手臂的大臂发力带动小臂，手腕不动也不发力。握笔时手指尽量靠后握笔，笔尖露出稍长些。小拇指指尖作为手的支撑点起到稳定的作用。

握笔手势

起笔时笔尖在线的一端要刻意多画几遍，使笔触感加强，起到强调线段的作用，也有形式美的效果。眼睛要始终在笔前方，提前看到直线的方向和终点，相当于画两点连线。画线条时心态要保持心无杂念，不要想得太多。运笔力求钢劲有力，迅速画出，以达到笔直快速的效果。

这样画出的线条一般比较刚硬笔直，运笔快速。初学者可以练习较短的 4~5cm 的直线，熟练后可画 10~15cm 的直线，甚至更长的直线，多多练习才熟能生巧、运用自如。

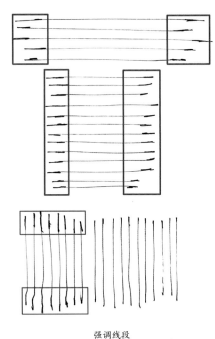

强调线段

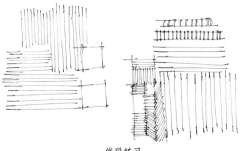

线段练习

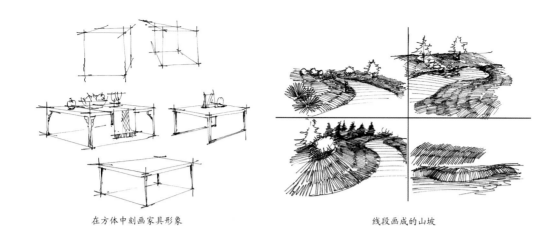

在方体中刻画家具形象　　　　　　　　　线段画成的山坡

（2）徒手慢画直线练习

相比徒手快速画的直线，稍慢些速度运笔画出的直线匀速而有力，线条准确性更高。在许多设计中能见到慢线条画的图。如建筑速写、景观设计图、室内设计图等。

徒手慢速画法，相对快速线条来讲画法较简单。

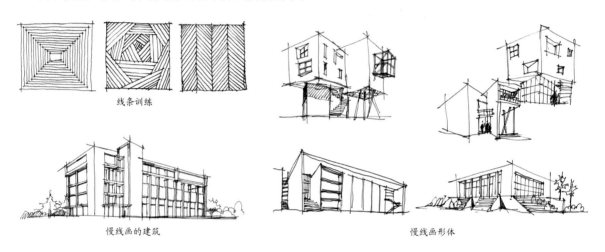

线条训练

慢线画的建筑　　　　　　　　　　　慢线画形体

（3）徒手画曲线练习

手绘表现曲线有徒手画弧线和尺规画弧线，徒手画法方便快捷，线条快速流畅富有弹性，画法灵活多变。同时曲线也是最难把握的线条，需要大量刻苦训练。尺规画弧线相对准确些，但是有些呆板。

画曲线多用手腕发力来运笔画图，下笔前要做到胸有成竹、心中有数，再动笔画弧线。可以先拿笔在纸面上虚画几下预想一下，线条画在纸面上会是什么样的效果。在练习中应经常画圆圈、椭圆圈和画连续有规律的波浪线，画线要有意识地思考运笔与走向。

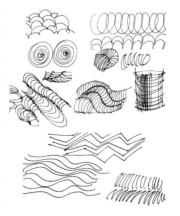

曲线练习

建筑透视图

建筑立面

（4）尺规画线稿

在刚接触到设计专业的时候，学透视学、设计表现的时候都是用尺规表现所要画的图形。尺规画图是学设计专业最基本、最重要的表现设计效果图的能力。尺规画图相比徒手画图要容易些，不用为一根线能否画直而苦恼。用直尺画效果图线稿也有形式美在里面。

1.6 画准线稿的观察方法与绘图次序训练

以建筑图为例，按照以下顺序完成。

（1）确定构图

第一笔画出视平线所在的位置，因构图需要画在"黄金分割线"附近或画面下三分之一的位置（同利用九宫格限定出取景与构图的范围是一样的方法）。铅笔起稿时就应该确定出建筑物的基本空间位置。视平线在整幅图中是最重要的一笔，以限定这幅图在画面中是偏上还是偏下，是整体布局的开始。

根据上一步视平线的位置，用铅笔起稿画出建筑物形体的轮廓线。在这一阶段中必须学会对高度的概括，应把小细节忽略掉如建筑的窗户，外立面装饰线等，较小的形体结构都可以进行概括（可以按照观察素描石膏像的画法来观察，眯着眼睛看建筑的整体形体）。

应概括到什么程度呢？这一步只需画出简单的几何形体如方形、圆形、三角形、菱形等即可。尽量把建筑物形体简化，如果遇到弧形的建筑物也要用直线来画轮廓，因为直线要比弧线更容易掌握和控制，更容易找透视关系。

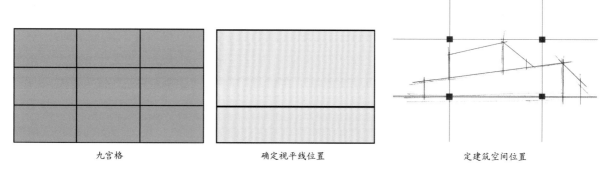

九宫格　　　　　　　　确定视平线位置　　　　　　　定建筑空间位置

（2）利用"正负形"确定形体的透视与比例关系

上一步确定简单的几何形体，即建筑物的外轮廓线。如果把建筑物的外轮廓线连成的图形看成红色的"正形"，则剩下部分为"负形"。

"正形"与"负形"都包含着准确的透视与比例关系。画完这步可以把画倒过来看看建筑物形体比例是否准确，也可以站起来走动走动，让眼睛放松一下，再回来观察自己画的图，就很容易发现绘图的错误。

画图时不能只看到建筑物本身，而忽视了建筑物以外的图形，恰恰"负形"能帮助你判断形体的透视、比例、结构是否正确，也是把空间的三维物体平面化。

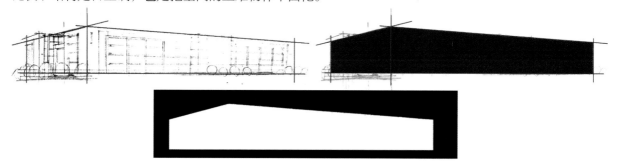

行政楼的正负形对比

（3）形体与形体比例关系

画出建筑物主要体块的结构关系，形体与形体之间的穿插关系。这步画出单个形体与整个形体之间的比例关系，同时注意形体与形体之间大小面积的比例和形体自身形状高度与宽度的比例。

绘制完这一步后（画完之后同样要站起来看看，形体与形体是否正确），对所画形体的透视、比例、结构应确保正确无误。（透视、比例、结构这三个概念是密不可分的，这也是检验所有效果图必须思考的内容）通过这种方法可以很快检查出建筑物、景物等的形体是否准确。

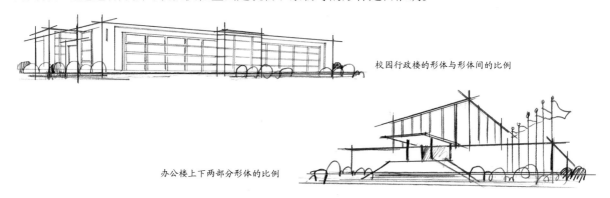

校园行政楼的形体与形体间的比例

办公楼上下两部分形体的比例

（4）刻画细节

待整个形体画好后，再把建筑立面上窗子等细节的结构关系画出来。如果在整幅图进行到刻画细部前发现形体透视、比例、结构不准确，要及时改正。在刻画建筑细节时也不要忘记整体的透视、比例、结构关系。

画图的次序非常重要，先从整体观察和绘制景物入手到局部刻画景物细节，再从局部回到整体调整画面，反复多次观察与画图。简单地讲就是"整体—局部—整体"的过程。时刻不能忘记整体观察和局部刻画的协调统一，要做到"阶段性完整"。

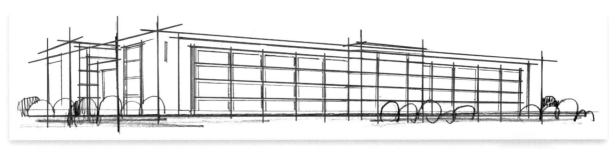

校园行政楼的
细部刻画

建筑线稿阶段
的细部刻画

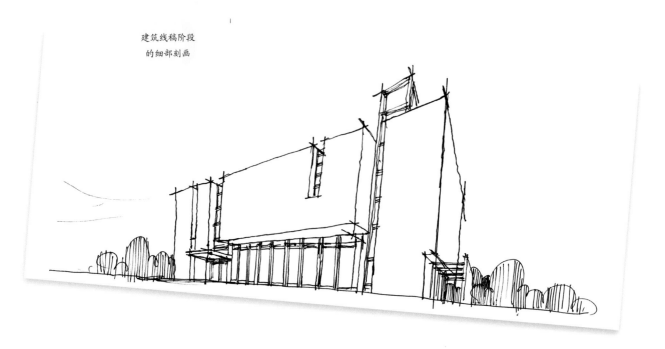

第2章
"方体训练法"
表现单体线稿

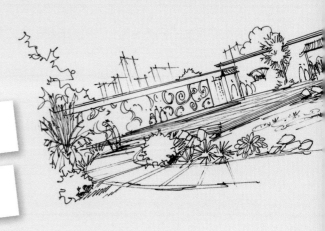

2.1 "方体训练法"的使用方法

对初学手绘的人来说，透视与比例是最难把握的。"方体训练法"是解决这一问题的有效方法。掌握运用此种方法就能取得良好效果，并能做到事半功倍。

2.1.1 "方体训练法"之"正方形"训练法

先练习画直线(两点之间连线)，直线做到有起笔收笔，线条流畅为最佳。要求所画的直线准确快速。这样便具备了画好正方形的前提条件。

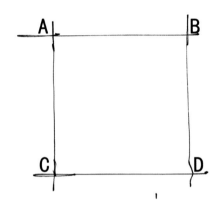

训练法步骤。

步骤一，先画一条水平的直线段 AB。

步骤二，在 AB 线段两端向下画两条相等的、与 AB 线段垂直线段 AC、BD。

步骤三，最后在这三段线中画一条线段 CD 平行于 AB，并交于 AC、BD 截取正方形，同时要整体观察所画的图形是否成正方形。如何判断呢？可以把画面横过来，即旋转 90°。

2.1.2 "方体训练法"

"方体训练法"是在正方形的基础上延伸构建而来的，也就是说把正方形向一侧运动而生成正方体。这种方法是把复杂的单个物体概括成简单、易于表现的方体，这样能清楚地把握住单体的透视、比例和结构的整体形象，在画图时不易出错。这种方法同样适用于长方体。

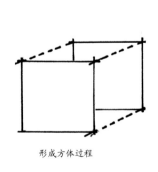

形成方体过程

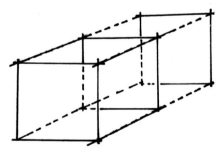

两个正方体形成的长方体

（1）正方体一点透视训练法练习

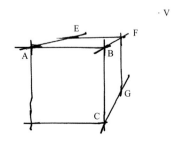

步骤一，在正方形的一侧任意找一点作为正方体的消失点（V），同时得出视平线位置。这个消失点（V）在正方形的上方或下方，不应与正方形距离过远。

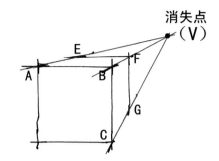

步骤二，正方形的三个端点 A、B、C 与消失点（V）点连成线段，在线段 AV、BV、CV 上画出 EF、FG 两条线段，截取正方体。正方体的比例根据视平线的高低来判断。

（2）正方体两点透视训练法练习

在表现单体与空间的两点透视图时，视平线较低更符合视觉形式美，也更利于手绘效果图的表现。两点透视正方体一般由 9 条线段构成，绘制步骤如下。

两条线段的角度

顶面透视角度

01 先画线段1和2两条线段，两线之间的夹角决定视平线的高低。

02 画线段3和4。这时线段1、线段2就作为参考线段，线段1是线段4的参考线，线段2是线段3的参考线。重点是每条线的透视变化。线段1、线段2、线段3、线段4构成了正方体的顶面。

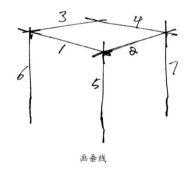

画垂线

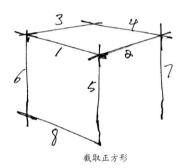

截取正方形

03 在正方形的顶部向下画垂直线段5、6、7，与线段1、2组成具有透视感的正方形。

04 画线段8时，和上面所讲的截取正方形是同一种方法（同时观察思考画完后是不是正方体的一个透视面）。同时要与线段1、4的透视倾斜角度作为参考，画出准确的透视图形。

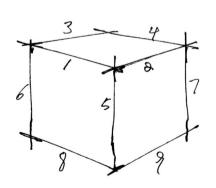

画方体的顺序

05 画线段9时参考线段2和3的透视倾斜角度，这时要观察整个正方体的整体状态是否符合正方体的透视原理。

2.1.3 "加、减"画法

在掌握了"方体训练法"后再学习用"加、减"画法刻画物体的具体形象。"方体训练法"是从物体的整体形象长、宽、高入手来进行概括，在整体透视比例合理的基础上，刻画所要表现形体的内部结构、比例、透视等。

如组合沙发、餐桌的内部形象可以按照单体沙发的平面、立面图结构、比例进行细致刻画。

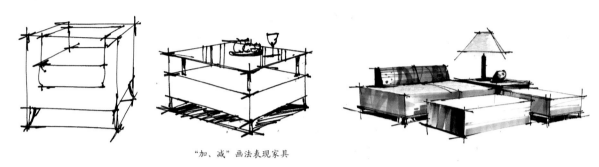

"加、减"画法表现家具

2.2 "方体训练法"表现室内线稿

在众多的表现技法中，徒手快速表现是每个学习手绘的人向往的状态。采用"方体训练法"是个非常简单准确的表现手段，能够快速地表现手绘效果图，同时还能准确地把握透视、比例和结构的准确度。在下面的案例中看看"方体训练法"的具体表现吧。

2.2.1 如何表现家具单体

画好家具单体是表现好整个空间的基础，重点是把复杂的形体概括成一个方体（或者是二分之一方体，或是三分之二方体）。

范例1：沙发边桌

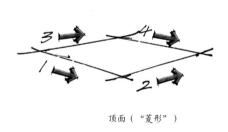

顶面（"菱形"）

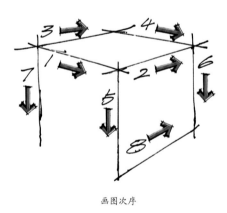

画图次序

01 首先把沙发边桌整体概括成方体。第一步画出方体的顶面（菱形），画图顺序如图中数字序号所示。

02 在顶面（菱形）四个角向下做垂线画出方体的其他边。先画线段5再画线段6、7、8。最后画线段8是关键，决定最终是否是正方体。

沙发边桌初步线稿

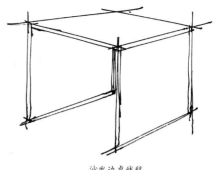

沙发边桌线稿

03 在概括出来的基本形体上雕琢细节，把方体左边的边线画出厚度，这样就形成一个"U"字形（木质或漆面）的沙发边桌的初步线稿。

04 在上幅线稿沙发边桌造型基础上（在没有画材质的前提下）还可以再进行刻画材质，可以将方凳刻画成金属的或者是木质的。

画出内部4侧面

05 有人会问沙发边桌的桌腿怎么是面片状（实际桌腿是三根线两个面）？在徒手画图中画出同样的多条线段是比较困难的，但是后续在着色阶段可以弥补形体问题。

范例2：靠背椅

靠背椅是最常见的家具用品之一。在画靠背椅过程中的难点是要解决好靠背椅座椅部分与靠背部分的上下关系。

座椅部分形体

01 画出靠背椅的主体座椅部分，把座椅部分概括成正方体或者是长方体（在实际的座椅中不完全是正方体的，在表现效果图的时候可以概括成正方体或略微长的正方体，这样便于手绘表现）。

02 在表现椅背时注意椅背向后倾斜的角度几乎与凳子腿的角度相当，大约略微向后倾斜一点。同时丰富形体刻画椅腿。

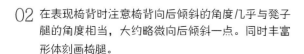

定靠背角度与丰富形体

范例 3：双人沙发

双人沙发或多人沙发多以长方体、半弧形体为主，长方体的沙发最多。可以把双人沙发概括成长方体，这个长方体要求透视、比例准确，再利用长方体的基本透视、比例关系刻画出双人沙发的结构。

画出双人沙发的基本形体

01 首先概括出沙发的基本形体为一个长方体，画准双人沙发的长宽高，"长方体"是最关键的一步。同时为了双人沙发整体效果，顶面的一条边（左图中的红线）先不画。

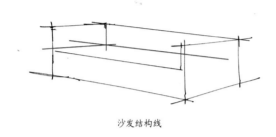

沙发结构线

确定双人沙发座面棱线

02 先画出沙发的主要结构，是沙发坐面与沙发靠背的分界线（用红线表示）。确定沙发座面的这条棱线（箭头所指）后，再画出沙发扶手的宽度。

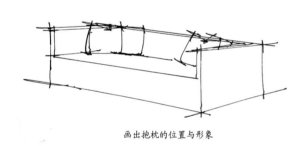

画出抱枕的位置与形象

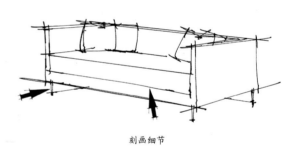

刻画细节

03 先确定双人沙发的座面位置，再确定双人沙发扶手的宽度，最后确定放在双人沙发座上的抱枕。表现抱枕的角度是这一步中的难点，注意两点透视抱枕的角度是最难画准确的。

04 在这一步骤中，画出双人沙发的软垫部位，注意坐垫的透视线要与整体双人沙发的透视结构相吻合，不要出现透视不准的现象。

在沙发的底部画上金属沙发腿，金属沙发腿要细小些这样更显得轻巧。

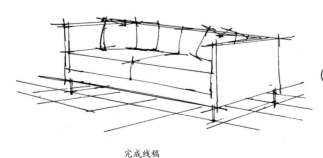

完成线稿

05 在沙发腿的下面画上地砖，这样双人沙发的空间结构感更加具体。

2.2.2 如何表现成组家具

在表现成组家具时注意家具形体与形体之间的透视、比例、结构的关系。

范例1：电视柜

在这个电视柜表现过程中，重点还是强调电视与电视柜的上下空间关系，要做到透视与结构准确。

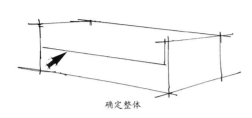

确定整体

主要结构

01 刻画出电视柜的整体（把复杂的形体概括成长方体），在这一阶段重点是确定电视柜处在什么样的空间位置。定好视平线后画出电视柜的整体透视、比例。

02 画出电视柜主要的结构关系，右面是箱、左面是框架。

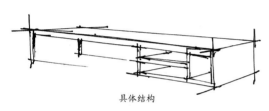

具体结构

确定电视位置

03 刻画出电视柜的具体结构形象，难点是结构关系与透视比例，线条要简洁明快。

04 在电视柜上面合适的位置用"加法"画出电视，重点注意电视与电视柜的空间透视关系。

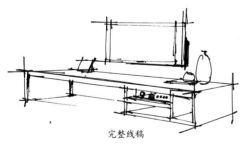

完整线稿

05 最后一步是画出电视柜上的装饰品，表现装饰品时注意用笔，用笔灵活大胆要"重神似轻形似"。装饰品也起到平衡画面和丰富内容的作用，需要认真学习。

范例2：橱柜

在表现橱柜时与上面范例所表现的"电视柜"有诸多相似之处，主要采用"加法训练法"表现。

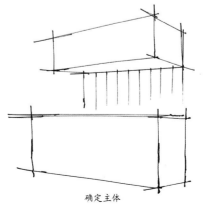

确定主体

01 确定视平线，画出视平线上、下两个柜体，视平线定在1m或80cm左右的高度，重点这一步确定上、下两个箱体的透视、比例。

划分大体结构关系

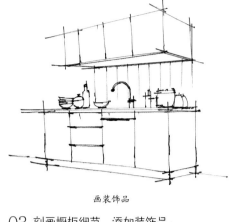

画装饰品

02 在确定上下两个长方体后，划分出柜体细部结构。

03 刻画橱柜细节，添加装饰品。

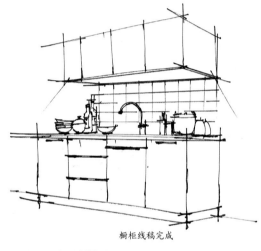

橱柜线稿完成

04 最后一步添加墙面装饰磁砖。这样橱柜的线稿表现完成了，在上色阶段还可以再接着添加些细小的结构。

范例 3：整套桌椅

整套桌椅在室内设计中经常用到，在手绘表现过程中也是最难画的部分。在表现整套桌椅时，要整体分析桌椅的基本形体，可以将其概括成 5 个方体。

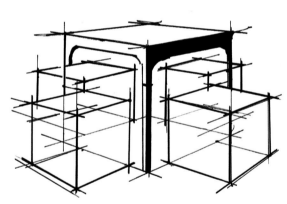

概括成5个方体

画出桌子的基本体

01 在这 5 个基本正方体中，先确定出桌子的基本形体——方体，包括它的比例、透视。在这组家具中桌子所占的比重最大，所以要先画桌子的基本结构。

02 确定桌子前两把椅子的位置，再确定出椅子的基本长、宽比例。

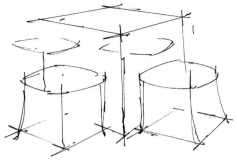

03 从椅子的地面位置向上画垂线，再确定出椅子的高度，画出椅子面。椅子面可以直接画成圆形。根据前景两把椅子的高度，利用透视原理确定后面两把椅子的高度。

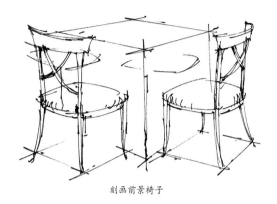

刻画前景椅子

04 先重点刻画前面两把椅子，椅背是这部分的难点，要注意椅背向后倾斜的角度。再表现桌子和后面的椅子，笔法流畅每笔都要做到准确无误。

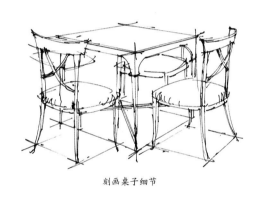

刻画桌子细节

05 在这步着重表现桌子的形体特征和后面椅子的轮廓。

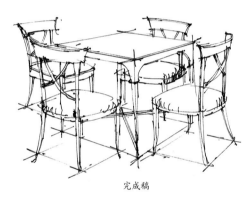

完成稿

06 继续表现剩下的椅子靠背，注意后面椅子的透视、比例关系。

2.2.3 如何表现室内空间

在表现室内效果图时，可以把室内空间概括成方体或长方体。

范例：室内客厅空间

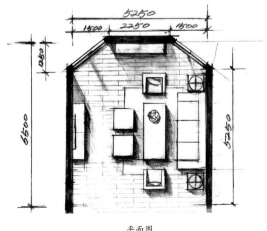

平面图

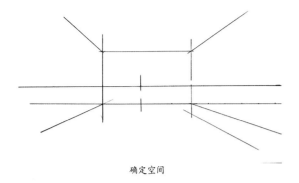

确定空间

01 根据平面图用一点透视建立起空间关系，视平线在1米左右的位置。（在表现室内效果图时视平线定在1米左右比较好。）

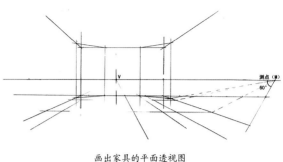

画出家具的平面透视图

02 利用60°三角板确定测点，画出客厅空间进深距离以及客厅家具空间位置的透视平面图。

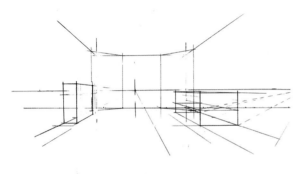

确定家具整体比例

03 根据平面图画出沙发与壁炉的整体形象，概括成长方体。

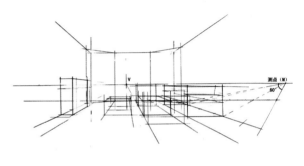

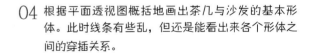

家具前后空间结构、比例关系

04 根据平面透视图概括地画出茶几与沙发的基本形体。此时线条有些乱，但还是能看出来各个形体之间的穿插关系。

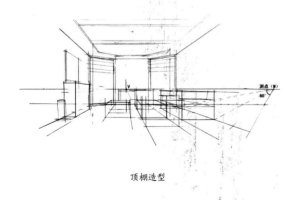

顶棚造型

05 用铅笔画出墙面与顶棚的造型。

丰富画面

06 在画好各个家具整体（长方体）后，开始细致刻画每个家具的具体结构，以及空间配饰如室内植物、灯饰、小件摆设等。

边画（墨线）边檫（铅笔线）　　　　　　　　　　　　　　　　完成稿

07 用墨线笔勾画线稿，在勾画墨线稿时要边画边檫掉铅笔线。这是最终线稿的样子。

2.3 "方体训练法"表现景观线稿

景观场景中有丰富的景观元素，在表现景观设计效果图时可以对景观元素进行归纳，把复杂的形体概括成简单的易于表现的形式。

2.3.1 如何表现景观元素单体

景观元素有植物、水体、石材等，这里着重选了一些有代表性的景观小品作为表现范例。

范例1：石质花坛

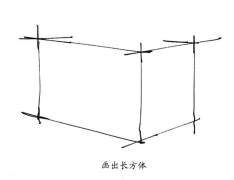

画出长方体

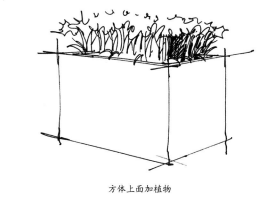

方体上面加植物

01 画出长方体的花坛，重点是透视、比例，视平线不要定得太高。

02 刻画花坛边缘的厚度和花坛上种植的花草，略微强调花丛整体的明暗关系。

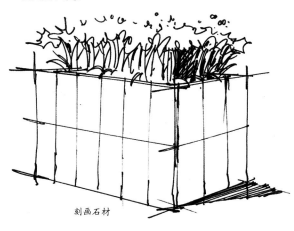

刻画石材

03 刻画出花坛上的石材拼花。

范例2：木质花钵

概括出方体

01 画出花钵的基本体块——方体，线条要求准确明快，透视、比例正确。

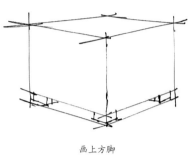

画上方脚

02 在花钵下面加画上方腿。

划分木板

03 画出花钵的结构关系，注意板块要划分得均匀，透视准确。

详细花钵结构

04 画出基本的木板和木板的缝隙。

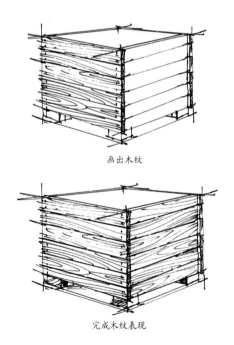

画出木纹

完成木纹表现

05 画出木板的木质纹理。注意画木纹时下笔要轻快，线条虚实相间。如果木纹线条画得过重，可以再次加重木板与木板之间的缝隙，这样就有清晰的木板条的质感。

完成线稿

06 最后在木质花钵上加上花。

范例 3：电话亭

基本形体

01 画出电话亭的基本形象——长方体，徒手画线条或尺规画线条都可以表现。

刻画细节

02 在方体的基础上添加电话亭上面梯形顶部，分别在方体的两边刻画出电话亭的玻璃门和侧面的玻璃窗。详细地表现电话亭的基本结构关系。

完成图

03 因为电话亭侧面和门上主要是玻璃材质，所以在玻璃表面画上表示玻璃材质的斜线。

2.3.2 如何表现景观空间

表现景观空间也可以用"方体训练法"的思维方式来表现，这样在遇到透视、比例问题时"方体"就可以作为参照物。

范例：景观空间表现

右图是公园一角的景观平面图。

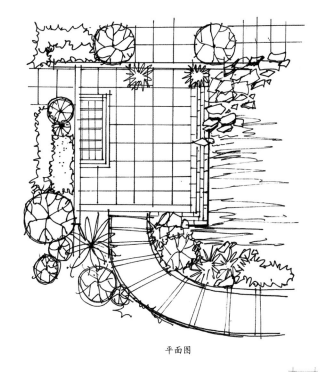

平面图

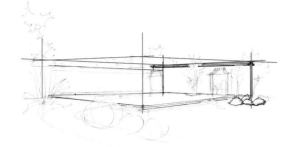

概括出长方体空间

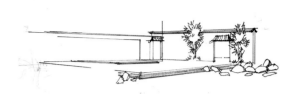

画墨线稿

01 先用铅笔勾画出景观的基本结构,在铅笔线稿的基础上画出长方体的三个面,分别表示地面和两个墙面。用铅笔起稿时尽量准确,不要用橡皮反复地擦,这样会破坏纸张表面的质感。

02 在铅笔稿的基础上勾画墨线稿,可以边画墨线稿边擦掉铅笔线。

刻画景观细节

表现远处的景物

03 详细刻画景观里的细节如石头、水面等元素。

04 详细刻画景观近景植物和远景建筑物、植物、人物等。

完成稿

05 最后一步表现地面铺装,这样线稿就基本完成了。如果在着色阶段发现线稿有需要刻画的地方还可以继续深入刻画线稿。

2.4 "方体训练法"表现建筑线稿

生活中许多的建筑物都可以概括成方体、长方体、圆柱体等基本几何形体,所以在手绘表现建筑物时也要利用"方体"整体的比例关系作为参考依据。

2.4.1 如何表现建筑元素

范例1:建筑小凉亭

01 把凉亭的主要形体概括成一个长方体,在表现亭子的时候可以把视平线放在1米左右的高度,这是比较适合手绘表现凉亭的视角。

画出长方体

刻画结构

刻画细节

02 画出亭子主要的4根立柱的结构穿插关系，并把上部的尖顶画出来。表现小凉亭的4根柱子时，可以比实际的柱子略细些，这样视觉效果更好。

完成稿

03 把凉亭与地面关系画出来，如这个是直接坐落在高点地面上的，还有几步台阶。接下来画好凉亭的美人靠座椅。注意靠背椅的上边缘几乎接近视平线，可以把椅背上缘画得稍微平些。

04 最后完善凉亭的细部结构，为了丰富画面可以略画些地面上的植被。

范例2：建筑雕塑小品

先准确地画出方体透视、比例后，再根据方体的透视变化规律表现圆柱体的透视变化关系，这样就能较容易地画出圆柱体的透视，在圆柱体中刻画出另一个圆柱体，这样就可以得到一个透视准确的圆管。在画圆柱、圆管时要有这样的作图思路。

圆管的刻画思路

意向结构草图

刻画主要结构

01 根据上文表述的绘制圆管的概念，先建立起一个半圆管形，这是整个建筑物的基本形象。可以在图纸上练习勾画，选适合的角度来表现建筑物。

02 把视平线放置在建筑物较低的位置，在半圆柱体上采用"减法"把柱体的位置保留下来。

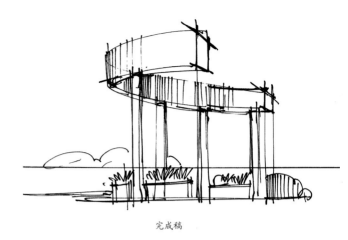

完成稿

03 刻画建筑物下面的植被与花坛等建筑物细节。

2.4.2 如何表现建筑空间

表现单体建筑时可根据建筑物的基本形体作为绘制的起点，要花较长的时间确定这个基本的形体，为后面快速画图打下基础。

范例：办公楼

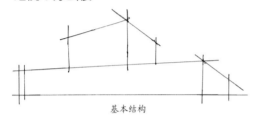

基本结构

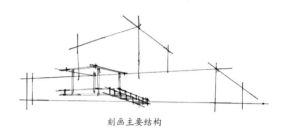

刻画主要结构

01 先画出建筑物上下两个长方体体块，重点是两体块的透视和两个体块之间的大小·比例关系。

02 在两个方体透视、比例准确的基础上添加细部结构，要求线条的透视准确，过长的直线可以用直尺作为辅助工具画线。

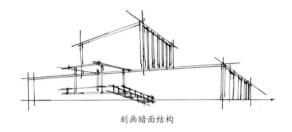

刻画暗面结构

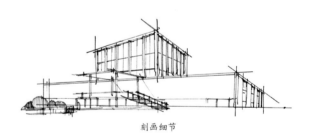

刻画细节

03 建筑的基本结构表现完成后，先从暗面结构开始刻画建筑物，这样的画图习惯可以保持"阶段性完整"，即画图时间无论长短都有时间限制，为了在画图时保持画面统一完整，确保在任何时间停下画笔，画面整体效果都应是相对完整的。

04 完善建筑物亮面的细部结构。

05 最后添加建筑物周围环境元素。表现环境的元素可以略画。

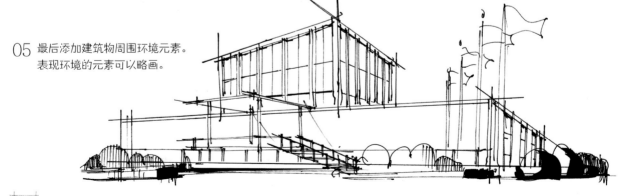

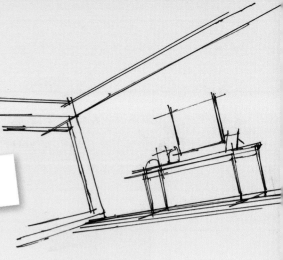

第3章
马克笔上色技法

3.1 马克笔色块平涂技法

用马克笔涂抹颜色时多数是以平涂的手法上第一遍色，平涂笔法的练习是重要的练习技法。

3.1.1 "横排笔"技法、"竖排笔"技法、"斜排笔"技法

在这节中我将为大家介绍平涂的三种技法和范例。首先介绍"横排笔"技法，因为横排笔是我们工作生活中最为习惯的画图、握笔方式。

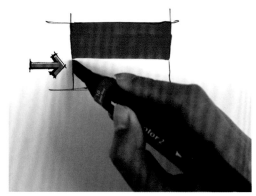

横排笔手法

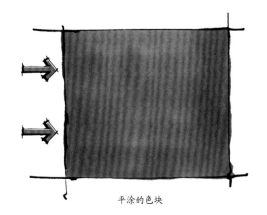

平涂的色块

（1）"横排笔"技法

要求运笔速度和力量要均匀，笔触与笔触之间既不能有叠加，又不能有空白间隙，马克笔颜色要均匀地平涂在画面上，看不到笔触。

马克笔落笔时笔尖要平落在画面上，收笔时也要保持同样的状态。落笔与起笔的瞬间如果速度慢了会出现颜色堆积等不好效果。

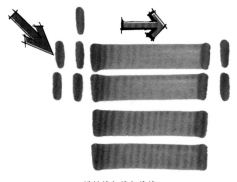

横排笔起笔与落笔

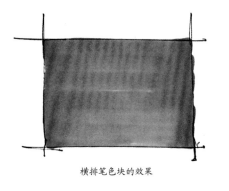

横排笔色块的效果

横排笔色块

这是在匀速运笔的状态下完成对长方形上色的效果。

这是马克笔运笔时由宽到窄的变化效果，右图中的最宽到最细的线条都是由马克笔宽笔头画出来的效果，在实际画图中运用是非常广泛的。

马克笔宽笔头一端的宽窄变化

"横排笔" 技法应用案例

平面木板的画法，主要运用横排笔的笔法画出来的效果。

木板效果

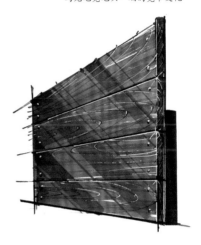

木板的透视效果

马克笔在运笔留下不好的效果

常见问题

①色块中的缝隙

像左图中的横排笔就是不合格的运笔效果，笔触与笔触之间有空隙，还有叠加。这样一来整个色彩明度是不统一的，影响画面的整体效果。

②不均匀的渲染

如右图中色块最大的问题是由于马克笔运笔速度不均匀造成的，马克笔在纸面上停顿会留下晕染痕迹，这会造成图面色块的不平整，运笔时不能轻易停顿笔，否则会有不好的晕染痕迹。

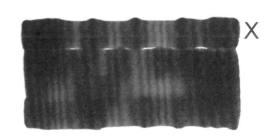

不均匀的渲染效果

③运笔过程中笔头没有保持一个平面状态的效果

马克笔在运笔过程中容易出现笔触不整齐的现象，这是因为笔头在纸面上的滑动没有摆平或运笔时在纸面上晃动所造成的结果。

运笔时的不住效果

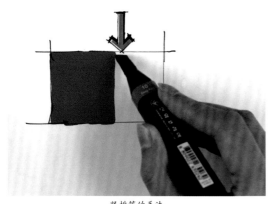

竖排笔的手法

（2）"竖排笔"技法

手握笔要"实"并且有力量，马克笔笔尖要在纸面上画，而不是在纸上面"漂"（"漂"笔的方法会在后面讲解）。运笔的力度与速度要均匀，整个色块要一口气画完不能有停顿，否者会有色差。竖排笔时马克笔笔尖的宽面与上边缘的线平行，这样颜色就不会画在外面。上色时如果颜色会晕染到线稿外面，这可能是因为马克笔颜料过多造成的。

右图是竖排马克笔着色的效果，着色时可以采用直尺作为辅助工具。

竖排运笔着色

运笔注意起笔与收笔

从左侧这幅图中可以看出在竖排笔着色时也要注意起笔与收笔，笔要保持同横排笔一样的运笔规律。坚持稳健的运笔手法为以后画图打下良好的运笔基础，要牢记手稳笔才能稳。

马克笔颜料的干、湿有明显的色差。右侧这张竖排笔的练习，手法运笔的速度都很好，同时还会看见这块蓝色从左到右的颜色逐渐变浅。

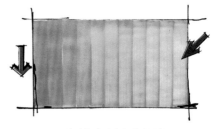

马克笔颜料的多少影响很大

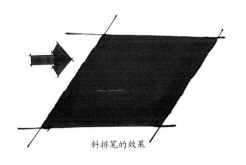

斜排笔的效果

（3）"斜排笔"技法

斜排线的技法应用非常广泛，如在平面图中有成角度的面，和效果图中成角度的透视面。

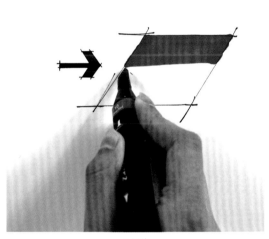

正握笔

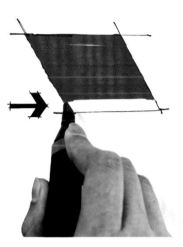

反握笔

握笔方法有两种：一种是正握笔，这是最为常用的握笔方式；另一种是反握笔，使用范围较小。无论正握笔还是反握笔都是要求马克笔笔尖边缘与线稿一侧的边缘对齐，这一点很重要。在运笔时通常是从左向右画，也可以从右向左画，运笔速度要快。

这是正握笔与反握笔的运笔效果，都是要求匀速平稳的绘图方法。

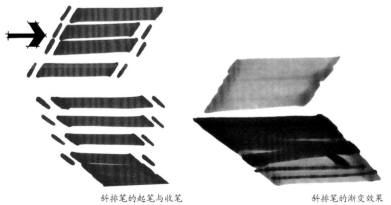

斜排笔的起笔与收笔　　　　　　斜排笔的渐变效果

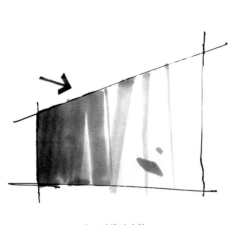

上下边缘的选择

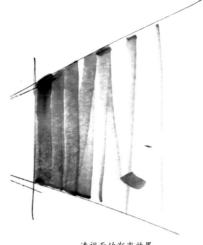

透视面的渐变效果

　　如果出现的效果图，线稿上、下边缘都是斜角度，这时要考虑上面的笔触重要还是下面的笔触重要。如果上边缘重要就按照上边缘的线稿画起，把线稿上边缘与马克笔边缘对齐，反之则从下边缘画起。

　　以透视玻璃幕墙的效果为例，首先在这图中的排线都是采用斜排线的方法。由这个玻璃幕墙上可以清楚地看出线稿的上边缘是最为重要的（因为玻璃上边缘是浅色不好覆盖，下边缘的色彩有反光是深蓝色，如果出现笔触不齐的现象就可以就叠加深蓝色盖住），所以从线稿的上边缘画起，这样整体效果就完整了。

斜排笔的玻璃幕墙效果　　　　建筑立面是综合运用"横排笔、竖排笔和斜排笔"技法的案例。

建筑立面

建筑立面局部

3.1.2 给物体表面着色

范例：陶瓷锦砖

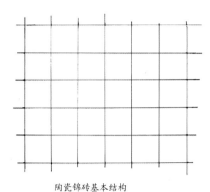

陶瓷锦砖基本结构

01 画好瓷砖的基本结构方形。

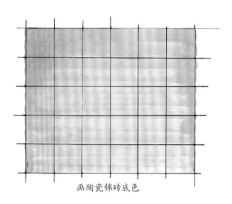

画陶瓷锦砖底色

02 采用横排笔（或者竖排笔）运笔方法，用my color2（WG-2）画出陶瓷锦砖的底色。要求马克笔运笔力度要均匀、色彩要平整，注意着色时不要画到线稿外面，否则会影响画面效果。

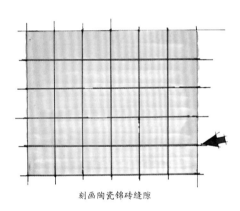

刻画陶瓷锦砖缝隙

03 在陶瓷锦砖实际施工过程中锦砖与锦砖之间会有缝隙。在表现效果图时要强调这种缝隙，以增强空间效果和真实感。用my color2（99 ■）号棕色的小·头勾画缝隙。

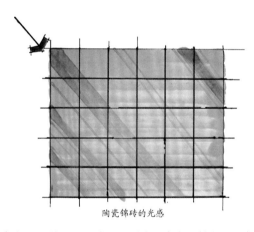

陶瓷锦砖的光感

04 画出能反映陶瓷锦砖质感的光线（斜线），光线的排笔变化要疏密有度。

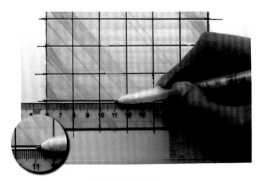

刻画陶瓷锦砖高光

05 勾画陶瓷锦砖棱上的高光，用尺规画高光更显整齐。

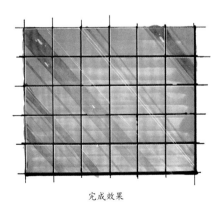

完成效果

06 最后一步画出一些斜线高光和反映光滑表面的亮白点。

3.1.3 红墙砖材质表现和白色大理石材质表现

范例1：红墙砖材质表现

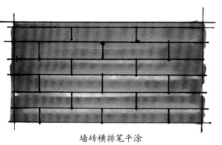

墙砖横排笔平涂　　　　　　　　墙砖的色彩变化

01　画出墙砖的基本造型。基本色调用my color2（97▮）号浅棕色，还可以在个别的砖上加重色调或画上一些同色系的色彩如my color2（95▮）号瓦红色，这样会使砖的色彩更加丰富而自然。

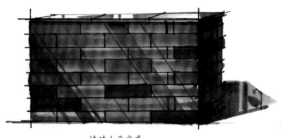

墙砖上画光感　　　　　　　　　　红砖上画高光

02　因为是横排笔画红墙砖略显平些，可以画些斜线表示光感。

03　在墙砖朝向阳光的棱边画上高光。

范例2：白色大理石材质表现

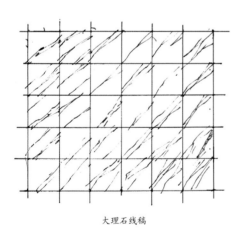

大理石线稿

01　画好线稿，这幅图是采用直尺+徒手手绘的作图方式完成的。

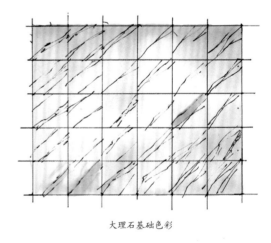

大理石基础色彩

02　采用竖排笔的方式上大理石的底色，在运笔时注意笔触与笔触之间的衔接。如果发现笔触间有缝隙就要第一时间弥补上颜色，（在马克笔颜色未干时弥补颜色，就会融合在一起）。否则色彩会有差别，从而破坏画面效果。

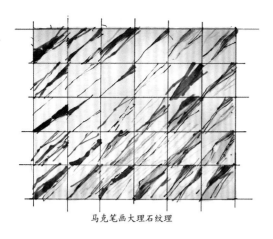

马克笔画大理石纹理

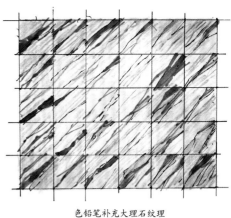

色铅笔补充大理石纹理

03 画大理石的纹理可以先画马克笔，也可以先画色铅笔（如果仔细观察这两种画图步骤还是有微妙变化的），画出整体大理石纹理的效果。

04 画大理石时需要多多观察生活中的大理石效果，这样在表现时才胸有成竹。马克笔加色铅笔完成了整体的纹理效果。

05 最后一步是加大理石棱上的高光，棱角上的高光会让效果图看起来更加有立体感和质感。

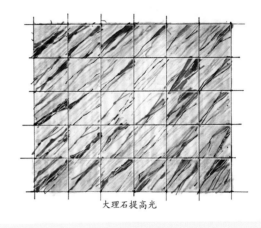

大理石提高光

3.2 马克笔色块渐变技法

3.2.1 "Z""N"字形渐变技巧

"N"字形的渐变原理，是以字母"W、N、M、Z、C"等为表述语言，以这些字母为为渐变原型，表述马克笔渐变方法与技巧。以字母"N"为例，"N"字形一边宽一边窄就会产生空间的变化。

"N、W"字母

"N"字变化原理

"N"字形渐变过程

01 给长方形着色使长方形有空间效果的时候，第一遍马克笔颜色可以画满，也可以用my color2（94■）号橙色画在长方形2/3的位置再进行渐变，"N"字形的渐变效果又不能看出来是"N"形字母。

02 画第二遍渐变效果，是采用my color2（94■）号橙色同色马克笔画两遍渐变完成的。画第二遍时画在整个长方形1/3的位置再进行渐变。

第二遍渐变效果

03 第三遍渐变用my color2（97■）号深棕色马克笔画在整个长方形1/4的位置，颜色逐渐加深加重，使空间感更加强烈。这种渐变方法用途最广，须多加练习灵活运用。

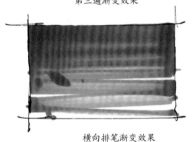

第三遍渐变效果

表现横向渐变的方法同样可以用在竖向的渐变效果。

横向排笔渐变效果

3.2.2 "漂笔"渐变技法

"漂笔"渐变技法也是很常用的渐变效果，可以很自然地表现变化较小的渐变效果。在实际的表现过程中同"Z、N"渐变效果交替着表现渐变效果。

漂笔渐变

横扫渐变效果

01 握住马克笔利用快速横扫的方式，迅速扫过纸面，形成由深到浅的渐变效果。同样是一支颜色，从左到右能清楚地看到深浅明暗的渐变效果。在扫笔的过程中要注意不能把颜色画在线稿的外面，但也不能画不到位。

渐变的叠加

02 在横扫的平面内可以再加上"N"字形的渐变笔法，整体的渐变效果会更加强烈。

笔触渐变融合的效果

这是在"漂"笔画好后，再迅速画上"N"字形的渐变效果，由于是在颜色未干时叠加的，笔法很快就融合在一起了。

范例："漂笔"渐变与斜排笔结合表现的水池

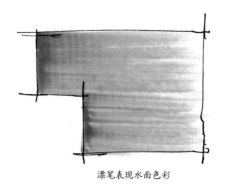

漂笔表现水面色彩

01　在线稿范围内利用漂笔渐变手法表现第一遍底色，用my color2（66　）号蓝色画水面。

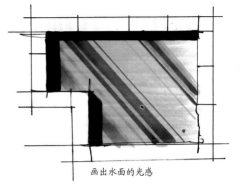

画出水面的光感

02　在水池的投影处加深蓝色，表示水面与地面的落差，用my color2（62　）号深蓝色斜排笔表现水面的光感，在表现光感时可以采用疏密变化的手法。

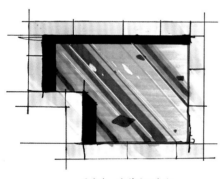

画高光、完善地面色彩

03　画出水面的高光，完善地面色彩。

采用"漂笔"与"N"字形渐变相结合的技法表现的沙发范例。

单体沙发

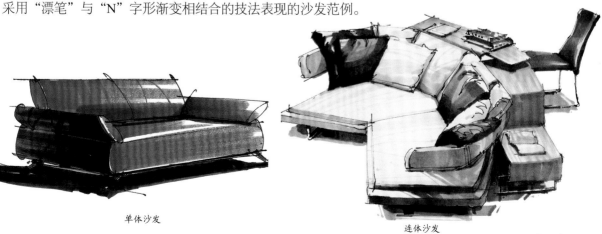

连体沙发

3.2.3 空间墙面明暗渐变的笔触技巧

渐变原理是在"N"字形渐变方法画在梯形的空间进深上，用 my color2（WG-1 ▨）号暖灰色画一遍，如图先采用色粉做底色，再用暖灰马克笔画渐变。

透视面渐变一

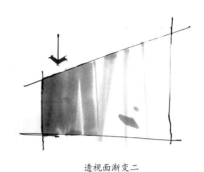
透视面渐变二

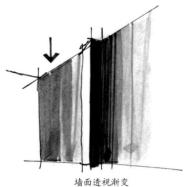
墙面透视渐变

范例1：地面渐变

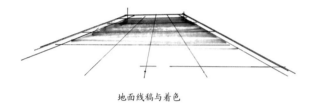
地面线稿与着色

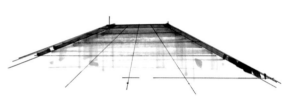
地面画第二遍渐变

01 地面的表现是以"Z"字形渐变技法完成的。用 my color2（WG-2 ▨）号暖灰色，画线稿第一遍颜色。

02 在线稿基础上用 my color2（WG-3 ▨）号暖灰色画第二遍颜色和踢脚线。

03 画出地砖的高光线与反光线。

地面线稿与着色

范例2：顶棚渐变

在练习阶段画些简单的顶棚线稿，这样有利于在着色时观察笔触与效果。

第一遍着色

第二遍着色

01 在线稿基础上用 my color2（WG-1 ▨）号暖灰色画顶棚的底色，运笔同地面的方式一样，不同点是图形不一样，"Z"字形的渐变笔触不要画出线稿。

02 用 my color2（WG-2 ▨）号暖灰色画第二遍渐变，方法同第一遍一样，但是不能把第一遍的色彩盖住。

03 顶棚通常是有吊灯的，如果顶棚面积大可以画些修饰
　　线，这样顶棚就有肌理和笔触感了。

顶棚着色

范例 3：墙体渐变

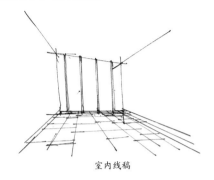

室内线稿

01 可以采用直尺或徒手表现室内空间线稿。

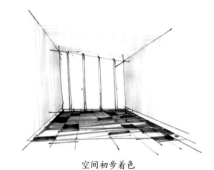

空间初步着色

02 用my color2（99■）号棕色表现地面色彩，地
　　面花纹的变化是加重色彩。墙面采用my color2
　　（WG-1■）号浅灰色画"N"字形渐变表现。

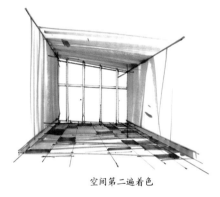

空间第二遍着色

03 墙面第二遍着色用my color2（WG-3■）号暖灰
　　色画墙面的渐变效果，从整体的效果可以看出室
　　内空间感的进深，笔法灵活、画线到位。

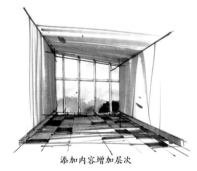

添加内容增加层次

04 用马克笔的蓝、绿色画远处的景色，以增加空间效
　　果，也起到丰富画面内容的作用。注意表现远景时
　　以冷色调为主。

范画

　　建筑单体中的"Z"字形渐变效果，可以以这样倾斜的笔触完成。

3.3.1 景观植物表现范例

工具介绍

色铅笔是手绘表现技法中常用的表现工具，色铅笔画同时也是独立的画种。本书采用的色铅笔是 KOH-I-NOOR 捷克酷喜乐 48 色套装。

色铅笔

范例1：单棵乔木

植物的轮廓线

01 先勾画好植物的轮廓线。表现这幅图时要注意把握整体形状——圆形。

初步着色

02 用KOH-I-NOOR浅绿色色铅笔着色，按照球体的明暗关系表现其基本素描关系。色铅笔排笔多是以斜排笔的方式表现。树干用灰色表示明暗关系。

树冠第二遍着色

03 用KOH-I-NOOR深绿色色铅笔表现树冠的暗面，排笔的线条按照斜排线的方式表现，这步基本完成树冠的基本造型。

用马克笔画色彩

04 用my color2（155■、51■）号浅绿色、橄榄绿色马克笔表现树冠暗面的细节，按照色铅笔运笔的方法用马克笔画画，这样出来的画面效果整体协调。

用黑色画树冠的暗面

05 最后一步用my color2（WG-4■）号暖灰色马克笔画树干的颜色，再用my color2（120■）号黑色马克笔强调树冠的空间效果。

范例2：球形灌木

灌木线稿

确定明暗关系

01 勾画球形灌木线稿，要求线稿线条流畅、层次清晰、光影明确。

02 用KOH-I-NOOR灰绿色色铅笔画灌木的第一遍色彩，以确定灌木球体的素描关系。斜排线条要一致。

03 用my color2（42■）号黄色马克笔强调空间关系，用my color2（WG-5■）号棕色刻画灌木投影。

完成整体刻画

范例3：绿篱

概括成长方体

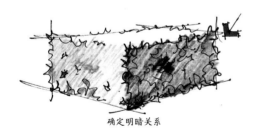

勾画绿篱的线稿

01 把长方状的绿篱概括成长方体，这是为了更好地快速表达。线条简练，透视比例准确。

02 沿着长方体线稿勾画曲线，线条流畅，疏密变化按照绿篱的明暗关系来变化。

确定明暗关系

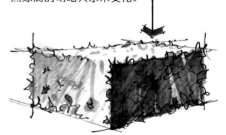

用马克笔完成明暗关系

03 用KOH-I-NOOR灰绿色确定绿篱的明暗关系。

04 首先用my color2（155■）号绿色竖排笔"N"字形画暗面渐变，画好暗面后再用my color2（49）号浅绿色画亮面的渐变。

05 用my color2（BG-4■、BG-7■）号蓝灰色刻画绿篱的投影，投影不要画得过黑。

画投影

乔木树冠的基本表现手法是向上"漂笔"，这样用同样一支笔，重色会在下面。

乔木树冠表现　　　　　　　　　　　　　　乔木树冠表现

3.3.2 建筑单体表现范例

范例：石墙体

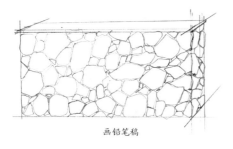

画铅笔稿

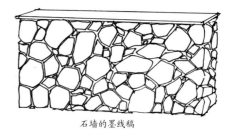

石墙的墨线稿

01 先画出石墙的基本形体，再用铅笔勾画出石墙的基本轮廓线，在刻画天然石材时要注意石块大小的变化。

02 用勾线笔完成墨线稿阶段，用直尺画石墙上檐。

定基本色调

完成图

03 用KOH-I-NOOR棕色色铅笔画石墙第一遍颜色，用排线笔触刻画质感。

04 用my color2（WG-1■、5■、8■）号暖灰色分别刻画石墙的上檐和石头间的缝隙，以增加石块间的空间感。整体加重石墙的暗面，画出投影。

建筑立面

范画

建筑立面上包括了上面所学的一些基本表现手法，画面刻画细腻、层次清晰。

3.3.3 室内墙面表现范例

在室内最大的面积算是墙面和顶棚了，由于大部分的墙面和顶棚没有被遮挡，所以着色时要考虑运笔的方法与表现技巧。马克笔表现渐变过渡面是比较难画的，所以在本节单独把墙面拿出来讲解一下。

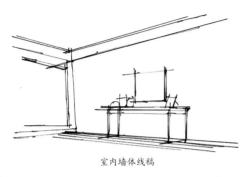

室内墙体线稿

01 勾画主要墙面和物体线稿，次要的物体可以后画。

第一遍着色

02 用my color2（WG-1■）号暖灰色画出墙面的第一遍渐变色，虽然墙体左边靠近窗户但是左边墙也要画得暗些，以凸显整体墙面的渐变。靠墙桌子下面的投影也要加重。

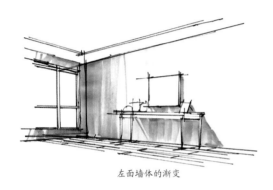

左面墙体的渐变

03 用my color2（WG-2■）号暖灰色画出左面部分墙体，相对右面的墙体更暗些。

色铅笔画渐变

04 用KOH-I-NOOR暖灰色色铅笔笔画墙面的渐变关系，色铅笔有统一画面的功能，刻画更细致。顶棚的绘制方法在上一节已讲过，这里表现的手法也是简单绘制。窗子玻璃省略表现。

完成效果

05 最后画上地板的颜色，用斜排笔的方法绘制地面就好。用一些鲜艳的色彩给装饰品着色，这样看起来画面色彩更加丰富。

工具的介绍

色粉在手绘效果图中用途非常广泛，可以很柔和地渲染画面，很适合画基本色调。

色粉

3.3.4 室内地板表现范例

马克笔与色粉结合表现室内地板

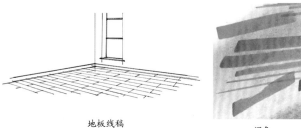

地板线稿

调色

01 勾画好地板线稿，并找到适当的地板色彩。在画色彩之前要在纸上"调色"。

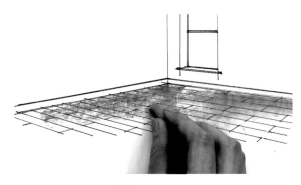

涂色粉

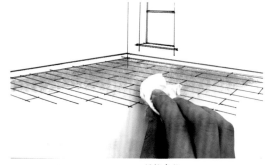

揉擦色粉

02 用选好的色粉颜料画在地板线稿上。

03 色粉涂好后，用柔软的纸巾用力把色粉揉擦到纸面上，多余的色粉粉末要及时处理掉。

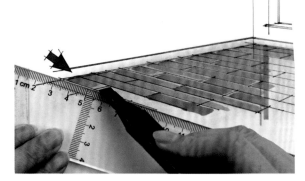

尺规画线

04 用my color2（94■）号棕红色斜排笔画地板。下笔要随（地板）形用笔，可同时用尺规。

05 画地板倒影反光时，可以用两种手法画，一种是正下笔，另一种是反下笔，这也是应用最多的手法之一，下笔要轻快准确。

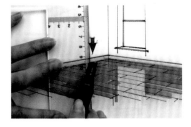

正下笔

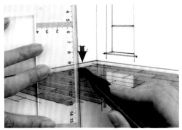

反下笔

画满整个色彩

06 用my color2（97■）号浅棕红色画出地板的色差，这样看起来更真实些。

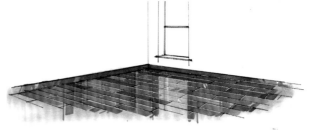

07 最后把地板的高光画上,一幅完整的地板就画好了。在表现整幅效果图时,地板的刻画要根据整体的效果来定。

完成稿

3.3.5 大面积天空表现范例

手绘快速表现天空多数是画蓝天,而空出来的是云彩。

范例1:先用色粉后用马克笔画天空效果

01 用色粉画出基本的蓝色。

02 可以在色粉上再用马克笔绘画。

色粉画的天空

上图中的天空是用蓝色色粉直接画上的,效果清淡。

色粉+马克笔的天空

范例2：结合其他工具使用色粉画水面

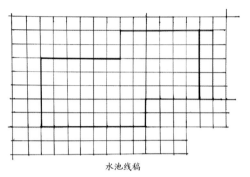

水池线稿

01 画好水池的线稿。

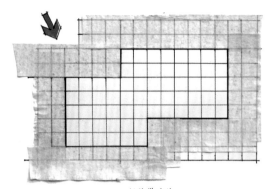

纸胶带遮盖

02 用纸胶带把水以外的地方遮挡上，使蓝色色粉不会涂抹到外面。

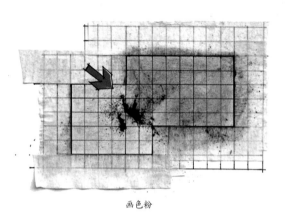

画色粉

03 把蓝色色粉用小·刀刮成粉末状，涂抹在水面区域。

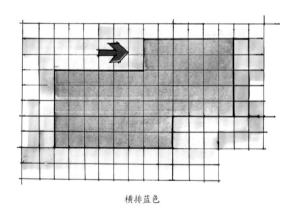

揭下纸胶带

04 当色粉涂抹均匀后，把纸胶带揭下来。

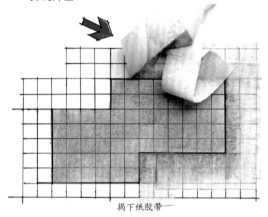

横排蓝色

05 用my color2（66）号蓝色横排笔画水的底色，在表现时颜色不能画出水面区域。

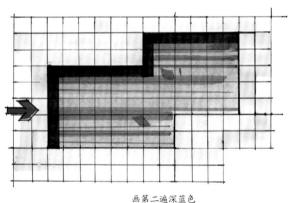

画第二遍深蓝色

06 用my color2（62■）号深蓝色画出水岸投在水面上的投影。

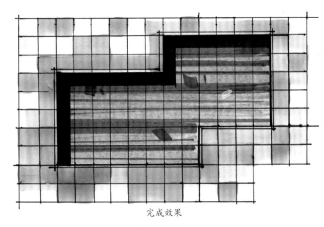

07 最后一步是刻画水面的高光与投影的细节。

完成效果

范画

第4章
马克笔表现室内
单体与材质

在马克笔表现技法中，室内设计表现是重点，也是难点。在表现室内家具时，形体比例与结构大小总是把握不准确。在表现效果图的家具材质时，多数是以写实为主，材质的色彩也是以固有色为主色调，所以给初学者带来很大的麻烦。下面我们就来学习室内家具和材质的马克笔表现技法。

4.1 室内家具单体表现与色彩绘制技法

训练重点：线稿造型阶段，使用马克笔来表现家具单体的颜色。

4.1.1 餐桌表现技法步骤图

在表现单体时首先要对单体的整体形象做一些概括，化零为整地把零散的细节概括到整体再由整体到局部。如方形餐桌表现可以从繁琐的形体概括到方体，再从方体一步一步地刻画成想要的形象。

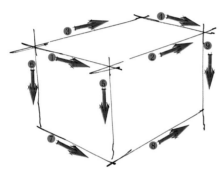

方形餐桌步骤图

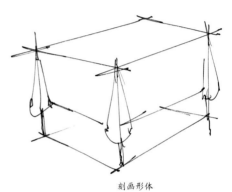

刻画形体

01 首先，第一眼一定要看到餐桌的整体，整个画画过程是从一个方体画起，按照图上箭头和1-9标号的顺序画出，餐桌的整体概括形状近似于正方体。其次，绘画过程中注意透视、比例是否正确，重点是长宽高比例关系和形体透视。

02 在这个方体中进行"加减法"绘图，减去不需要的空间如桌腿部分，加上大于方体的形象如桌布4个角的布褶。这个布纹的褶皱是从现实中抽象出来的易画的形体。

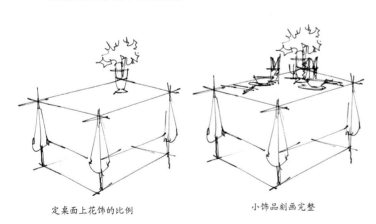

定桌面上花饰的比例　　　　小饰品刻画完整　　　　餐桌暗面着色

03 画上桌面上的装饰品。桌子上摆设物件的重点在于大小·比例。形象也是器皿刻画的重点，因为形象的好坏要大于比例。需画上符合实际环境的物体。

04 餐桌着色，首先用马克笔画出餐桌的明暗关系和餐桌的固有色。餐桌的桌布是暖白色，选用my color2（WG-3　）号暖灰色画暗面，马克笔笔触竖向运笔，编排要协调些，画面上桌布角是由下向上快速画出的效果。

餐桌灰面着色

05 桌布的灰面用my color2（WG-2▇）号暖灰色画（餐桌左边的灰面），快速地以笔触横画，会带渐变效果，桌布布角的色彩随形着色。

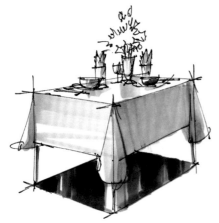

餐桌上餐具着色

07 当主题餐桌颜色第一遍着色都画好后，再画次要的餐具。可以将这里的餐具分析成圆柱体，按照圆柱体的方式去表现。注意光洁的餐具表面要留白表示高光，先分出来明暗两大系统。

餐桌完成稿

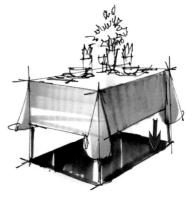

餐桌地面着色

06 桌子下面深灰色的部分是投影，起到烘托餐桌的作用。采用my color2（BG-5▇）号蓝灰色横排笔（随着横向的透视线排笔）或竖排笔均可。可以留点空白作为高光。

地面画出反光

08 加重餐桌暗面，画餐桌暗面的笔触时，如果第一遍的笔触没有画好（或画的深浅不够）可以在第二遍编排笔触时修正。画餐桌下面的投影部分可以画几笔重色竖画表示地面的反光。用my color2（BG-7▇）号蓝灰色来表现光洁的地面。在画第一遍投影色彩的时候要留有少量的空白，留作高光。

09 最后一步是"提"高光与"压"重色，把餐具的明暗交界线重色和少量的投影画上，增强空间感和体积感。餐桌投影四周可以用些my color2（BG-2▇）号浅蓝灰色画出。在地面的投影上，适当画几笔重色my color2（120▇）号黑色可以控制整个画面的"分量"，用（辉柏嘉）白色色铅笔在地面上画出地砖的缝隙，白色既表现出了砖缝又表现出了砖的高光。效果图中画高光和压重色是最后关键的一步。

4.1.2 茶几的表现技法

这一节以铁艺茶几和木质方茶几为例，对茶几的不同款式、不同形象做详细的分析，具体见以下绘图步骤。在勾画线稿阶段还是沿用"方体加减法"来绘制如何刻画茶几。

范例1：铁艺茶几

长方体

01　先从长方体的整体造型开始入手，按照1~9笔的方向与次序画好，把茶几概括成长方体。长宽高的透视比例是重点也是难点，像这幅图直接勾墨线稿的就不能反复修改，可以略微地调整这一步骤，如果是铅笔画图就可以反复修改造型。

刻画茶几形象

03　刻画茶几形象特征，把4个桌腿完全刻画出来，桌子上的摆设也按照一定的比例刻画出来。在这幅图中桌面上装饰物的形象不是很重要，能画出物体的六分像就可以。形体比例的大小是关键，装饰物画大显得桌子小，反之则大。

05　给茶几着色，是最关键的一步。色彩有修改形体完善形体的作用，同时也有破坏的力量，许多同学反映不敢着色怕画坏也是这个原因。首先确定光源，用my color2（WG-3█）号暖灰色马克笔画出亮、灰、暗面中的暗部。图中茶几的暗面非常小只有一个小窄面，画形体的亮、灰、暗面无论形体面积大小都要从暗面开始画起，这样也确定了形体的光源。

画固有色

06　画茶几的灰面与深灰色铁艺桌腿，用my color2（BG-4█）号蓝灰色画茶几腿亮面时要留白（这样茶几腿就不用再画高光）。

"修剪"长方体

02　长方体进行"减法"造型处理，把多余的形体"剪掉"，形成视觉的镂空。如桌檐、桌腿下面空出来的部位。在这里桌腿是一个面，这不影响后面的画图，反而给后面形体塑造留有空间。

完善茶几形体

04　进一步完善形体，把桌子形象刻画得更加细致。桌子上加个高脚装饰瓶，更完善整幅图的构成感。线条要求快速准确，徒手画可以有偏差但不能太严重。

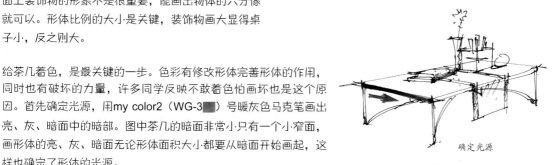

确定光源

装饰品着色

07　茶几主体物画好后再画出茶几上主要装饰体固有色（也就是装饰物的暗面），书用my color2（84█）号紫色，笔筒用my color2（99█）号棕色，花瓶用my color2（76█）号蓝色进行上色。

亮面着色

08 画茶几亮面用my color2（WG-1▢）号浅暖灰色沿着形体边线由左向右快速运笔绘制。

装饰品继续着色

10 用my color2（153▢）号浅绿色画茶几上的桌旗色彩。布料是棉麻软质材料不会有反光出现，亮暗面要有所区分，用点紫色勾画花纹逐渐完善桌旗色彩。花瓶上的插花简单处理，在画面上不是重点不必刻画过细，否则会喧宾夺主。

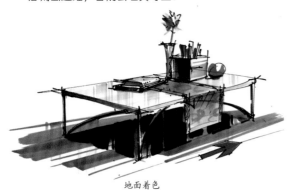

地面着色

12 整个地面可以用my color2（WG-2▢）号暖灰色着色，笔触要按照横向顺序运笔，笔触之间要适当留有空白，这样使地面有"透气"感不会显得"沉闷"。茶几投影用my color2（WG-6▢、WG-7▢）号暖灰色画深，颜色加重同时留有少量空白的反光，适当的位置可以用黑色压重。

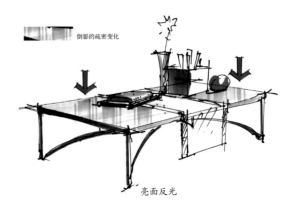

倒影的疏密变化

亮面反光

09 茶几的亮面反光处理在于表现出茶几的油漆质感。茶几的亮面竖画线反光笔触用my color2（WG-1▢）号浅暖灰色。画反光倒影时笔触略快速，不能画出亮面区域否则会影响画面效果，画竖线时注意编排笔触的宽窄疏密变化规律。

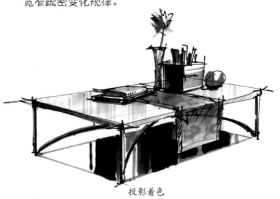

投影着色

11 用my color2（WG-4▢、WG-6▢）号暖灰色画茶几投影处的地面色彩。画投影的色彩时，要注意笔触的编排，先用my color2（WG-4▢）号浅暖灰色画第一遍，再用my color2（WG-7▢）号暖灰色，竖排线表现投影的地面。以浅色为主的茶几最好采用深色的地面，可以起到陪衬茶几的效果。

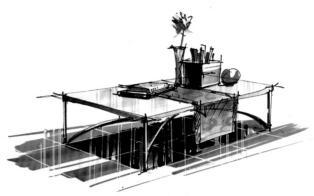

画面高光调整

13 采用白色漆笔画地面高光，用白色漆笔画出地砖缝隙的高光与反光。最后这步重点是强调空间形体，如明暗交界线或投影处的空间。

范例2：木质茶几表现

木质茶几刻画的重点主要有以下两点。

第一，透视、比例和形体的结构穿插关系。

第二，木头材质的表现。

茶几概括成长方体

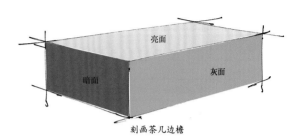

刻画茶几边檐

01 将茶几概括成长方体，注意长方体的透视与比例，线条要流畅快速，也可以用尺规画图。注意形体的透视比例问题。

02 "减法"刻画，与上幅范例相同。在长方体中刻画出茶几的边檐厚度，刻画原木的材质时可以适当夸张边檐的厚度，表现出笨重的效果。同时也把长方体划分出亮面、灰面和暗面。

刻画茶几腿

刻画茶几横撑

03 刻画出茶几的投影面和桌腿，4根茶几腿倾斜角度要一致，茶几的主要形体特征要刻画出来。

04 画出连接茶几腿的横撑，先画前面两根，注意结构的穿插。

完善茶几结构

05 完善茶几其余结构，添加茶几剩下的部分。

06 着色阶段，木质茶几的着色是以茶几的固有色为主。有的初学者不知道用什么颜色做主色，在马克笔中颜色接近木质颜色的就可以用，如94■、97■等。

与上面讲到的绘图方式相同，先画木质茶几的暗面，用my color2（94■）号棕红色马克笔画两遍，起到加深暗面的作用。灰面用my color2（94■）号棕红色马克笔画一遍，快速画在灰面处，这样色彩会浅些。徒手着色时要注意色彩不要画在形体的外面，否则影响画面效果。右图中箭头所表示的方向是运笔的方向，颜色浅的多数是快速画成的结果。在现阶段灰面加些马克笔笔触会增强画面手绘效果。

茶几着色

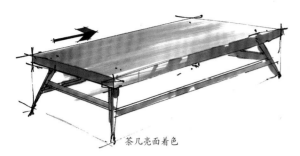

茶几亮面着色

07 茶几亮面着色也是用my color2（94■）号棕红色马克笔，亮面是从左边向右边快速画的"漂笔"效果，这样会出现整体的渐变过程。运笔速度要快，否则，亮、灰、暗面在明度上分不开，影响整体的空间感。

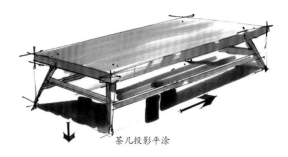

茶几投影平涂

08 用my color2（BG-5■）号蓝灰色画茶几的投影部分，不会排笔触的同学可以参考上图中箭头所示的排笔方法。在前面的投影位置处留有少量空白，给以后画图留有再描绘的空间。

茶几投影加深

09 加深投影面时要注意它的规整性，其目的是起到反衬茶几的效果，注意不要用一个色彩画得过"死"。

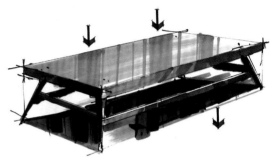

茶几的反光和倒影

10 画茶几亮面的反光，用my color2（94■）号棕红色马克笔快速从上向下画亮面的反光倒影，倒影线要有疏密变化（在前面提到过亮面疏密变化要有规律）。投影暗面加上地面倒影反光，地面略带笔触更显地面光洁，而且更有手绘的味道。

11 最后一步是调整阶段，用高光笔画出茶几与地面上的高光线。茶几近处的边檐棱上用高光笔刻画，这样会更有光感，但不能什么地方都画高光，如地面要少画高光，否则会显得凌乱。

茶几勾画高光

下面这两幅茶几图都是用这种法画成的。

等候区茶几

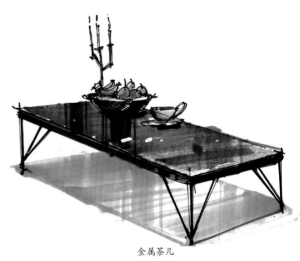

金属茶几

4.1.3 双人床表现技法

在现代家居中，简洁明快的造型设计可谓比比皆是，而这种硬朗的造型恰恰给手绘快速表现留有很大发挥空间。当面对双人床这样相对复杂的形体时，更要大胆概括，可以将双人床归纳成3个长方体，即一高一矮两个床头柜和一个床箱。

床的主体

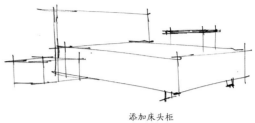

添加床头柜

01 与前面画餐桌与茶几的绘图步骤几乎相同，先画出3个长方体中最大最重要的一个。重点是这3个长方体的透视、比例和空间的前后穿插关系。

02 采用"加法"方式添加床头和两个床头柜，还是要注意床头柜的透视、比例（床头柜的透视可以参考床体的透视方向线画）。

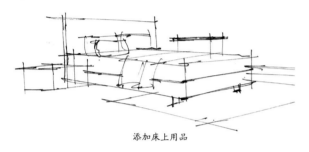

添加床上用品

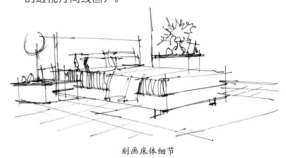

刻画床体细节

03 先粗略刻画床头柜的结构和床垫上面的褶皱以及枕头。对于初学者来说，刻画枕头时，可先刻画后面两个，再画前面的两个，这样容易画准枕头间的前后空间关系。

04 刻画床与床头柜的细节，在刻画床垫细节过程中应注意亮面的线条要少，暗面线条略多些，这样在画线稿阶段便能分清哪个面是亮面、哪个面是暗面了，同时也增强了明暗关系。徒手画地砖的结构线时，以床箱的透视线作为参照，这样容易画准。

05 着色阶段。首要任务是画出床、床垫、床头柜的主色调与明暗关系，床垫用my color2（24■）号浅黄色，床头柜用my color2（97■）号深棕红色，床箱用my color2（WG-3■）号褐色。笔触不用讲究过多，能把色彩均匀画在物体的暗面就可以。不过笔触效果流畅最好，可以参考左图中箭头所指的方向画。

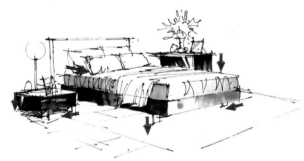

确定光源与色彩

06 画地砖色彩，地砖采用my color2（WG-6■）号暖灰色，这个色彩与床体的整体效果相统一。运笔随着地砖的结构排笔，这样也好"收边"。

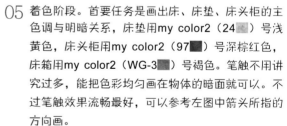

地面着色

装饰物着色　　　　　　　　　　　　　　　　　　地毯与地面刻画

07 刻画床上用品与装饰品，床头用my color2(WG-2▨) 号暖灰色画斜线笔触，使之更有光感。枕头以圆柱体和球体的画法来刻画。小装饰物色彩也是根据画面的需要来定，并以色块的方式来表现，不用过多考虑明暗关系。

08 画出地毯与地面的倒影，墙面用my color2 (WG-1▨) 号暖灰着色起到陪衬空间的作用。主体物床箱的灰面进一步刻画时，可用my color2 (WG-2▨)号暖灰色，床的亮面稍加色彩。抱枕要刻画得有胀满感，布料要刻画得蓬松柔软。

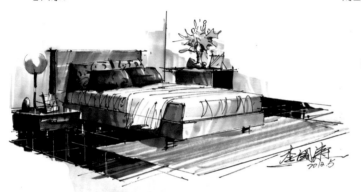

09 最后一步画面调整阶段，用相应的深色加重物体暗面起到强调空间的效果。床头柜、地面和小装饰物等物体用高光笔画出高光，起到修饰整幅画面的作用。

4.1.4 沙发表现技法

范例1：单人沙发

在家具单体中方形沙发的造型相对简单而且普遍，单人沙发整体的造型近似于正方体。从单人沙发平面图可以看出顶视图呈正方形，主立面图侧立面图也近似于正方形。这在上一章节提到的"正方形加减法"中就有所练习。

沙发平面与效果图

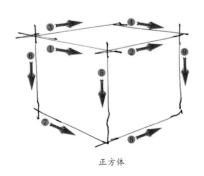

正方体

切出沙发基本形

01 先画出正方形，这幅图采用徒手表现的方式，按照1~9序号的箭头画完，也可以采用尺规做图的方法画这幅图。

02 在正方形中切出想要的形状，注意线条的透视、比例和沙发的结构。

沙发暗面着色

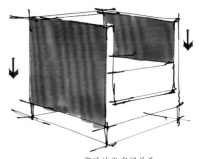

塑造沙发空间关系

03 进一步细致刻画沙发形体结构，把长方体刻画成想要的沙发。

04 用my color2（4■）号紫色马克笔画沙发的暗面，沙发的扶手部分也属于暗面，竖向排笔。要求匀速运笔，不能有笔痕，否则影响后面的笔触。

沙发投影表现

刻画地面

05 用my color2（83■）号紫色马克笔加重沙发暗面，灰面用my color2（88■）号紫色马克笔从左向右快速"漂笔"形成渐变效果。

06 画出沙发的地面投影，用my color2（BG-5■）号蓝灰色均匀平涂颜色表现投影关系。

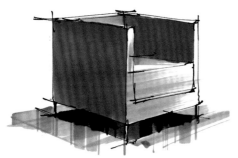

刻画沙发高光

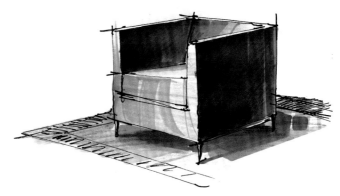

07 地面着色用my color2（BG-3■）号蓝灰色，略画出地面环境和倒影，沙发下面的投影部分用my color2（BG-7■）号黑色加重。

08 刻画沙发扶手的高光，虽然扶手顶面很小·但也要把它刻画出来（这是画面细节）。地面反光细致刻画，用my color2（120■）号黑色画在沙发的下边缘处，起到强化沙发与地面的空间关系的作用。用高光笔细致刻画地面倒影。

下面列举沙发效果图范例，绘制方法同上，沙发的灰面是用纵排笔绘制的。

圆形沙发相对要难些，主要的形象是圆柱体，它的明暗关系与圆柱体的结构关系是一样的，不同的是圆柱体上端做斜面造型，圆柱顶端斜切并下凹，凹陷出一个坐垫和靠背的位置，画斜切面时线条流畅圆滑，再放上两个靠垫形成完整的沙发座椅。

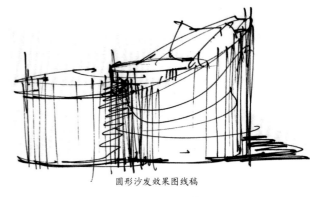

圆形沙发效果图线稿

圆形沙发着色首先是从圆柱体的明暗交界线画起，整个沙发的造型都是用圆形的塑造手法完成。

圆形沙发效果图

范例2："L"形沙发

"L"形的沙发是非常普遍的，沙发造形呈"L"形在设计中也常常会用到。整体表现手法与长方形沙发相同，转角突出来的地方是重点，多数初学者会把这个位置的透视画错。

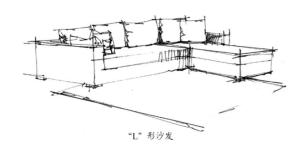

"L"形沙发

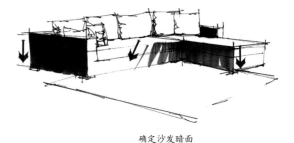

确定沙发暗面

01 同样是在长方体上进行刻画，可以采用长方体"加法"的方法刻画出"L"形沙发，透视、比例、结构是每幅图的重点。

02 画沙发的暗面定光源的位置，沙发的主面用来做迎光面，小面做暗面。暗部采用my color2（94■）号橙色马克笔平涂的方法上色，要求均匀平整。灰面也可以稍微带几笔以示色彩的过渡。

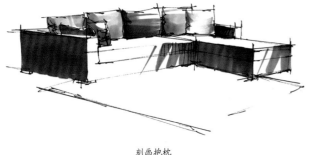

刻画抱枕

03 在确定沙发主色调的基础上，再刻画配饰及抱枕的色彩。抱枕的色彩是采用蓝色、红色、浅绿色和紫色等鲜艳的色彩来表现，让整个画面丰富、不单调。

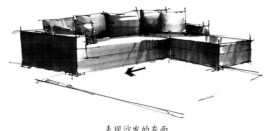

表现沙发的灰面

地面着色

04 画出沙发的灰面，这里的灰面可以用my color2（94■）号棕红色快速漂笔，这样会使色彩变浅，也可以用更浅的颜色画。

05 用my color2（BG-5■）号蓝灰色的马克笔表现地面，运笔随地面透视排笔。用my color2（24■）号暖黄色按照透视排线表现地毯的效果。

强调沙发空间关系

06 用my color2（BG-7■）号蓝灰色竖排笔表现地面的反光，注意疏密的变化。这时沙发的暗面画第二遍颜色起到增加层次的效果。地毯再画一遍以增加色彩的层次。用my color2（120■）号黑色画抱枕的暗面投影，起到强调抱枕与沙发角部的空间关系的作用。

4.1.5 灯饰表现技法

室内设计效果图中灯饰具有非常大的作用，可以指示说明，也可以反映出室内人造光源的位置、设计风格等，增添了画面效果。

灯饰造型大体可以分坐式、立式和挂式三种。坐式台灯，坐在物架上形成辅助光源，造型有方形、圆形、六边形等。线稿阶段是难点，要求线条流畅，灯罩左右两边对称。着色采用单色系表现为主，画出素描关系。效果图中常常把小台灯作为修饰、丰富画面之用，所以颜色比较鲜艳。

范例1：圆形灯具表现

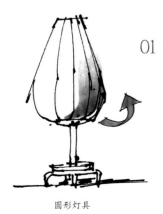

圆形灯具

01 在圆形台灯的灯罩底部（暗面）用my color2（31■）号黄色马克笔从下向上（像画"√"似的）扫一笔，运笔要流畅自然。这样色彩随着形体的结构向上渐变，产生球体明暗关系。

刻画灯罩的暗面

02 在灯罩的上边缘先画上一笔，衔接上一笔的末端，这样会形成色彩的完美衔接，暗面还有透气的效果。不要把整个灯罩的暗面全画上颜色，那样的色彩会显得很死、不透气。

灯罩色彩的塑造

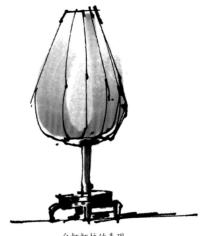

台灯灯柱的表现

03 用同样的色彩从灯罩亮部的下边缘向上画，也是采用向上扫的方法把灯罩"抱"住。色彩也不要画满，要留有空隙，这样灯罩既有色彩又有光感。

04 刻画台灯的底座，用my color2（99■）号棕色刻画台灯底座的暗面（亮面留白）。灯柱比较小·就不需要刻画过多的细节，只要留出亮部的高光就好了。

范例2：八角装饰台灯

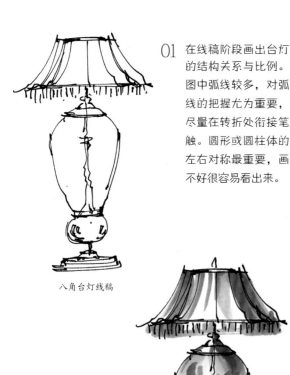

八角台灯线稿

整体着色

深入刻画灯饰

01 在线稿阶段画出台灯的结构关系与比例。图中弧线较多，对弧线的把握尤为重要，尽量在转折处衔接笔触。圆形或圆柱体的左右对称最重要，画不好很容易看出来。

02 台灯整体着色，用浅紫色my color2（8■）号粉色马克笔随形运笔画出灯罩，用my color2（56■）号绿色马克笔画出下面玻璃瓶的绿色。玻璃瓶表现方法与圆柱体表现方法是一样的，要表现出圆柱体的圆圆的体积感。用my color2（101■）号黄色表现底座的金属材质，在装饰灯具中这些细节可以随着形体的大小·或强调或省略地表现。在着色阶段如果发现造型不够完整也可以补充线稿使之完整。

03 在最后一个步骤中强调形体的空间感层次感，加重形体的体积感。圆柱上的斜线笔触起到强调体积感的作用。在客厅或卧室效果图中灯饰的画法要简略许多，重点则是灯饰色彩。

范例 3：麻油灯表现

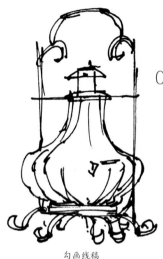

勾画线稿

01 勾画线稿，注意形体的结构比例关系与整体形态，注意形体的左右是否对称。

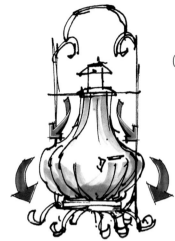

灯饰初步色彩

02 整体灯具着色，着色规律与圆柱体和球体的表现方式是一样的。玻璃体采用my color2（76█）号蓝色来画。

灯饰固件着色

03 用my color2（42█）号黄色和my color2（99█）号棕色画出灯饰的金属固件金色，固件的上端与下端要细致刻画，中间部分可略画。先画一遍浅色作为固件的固有色，再画明暗交界线，这样便增加形体的空间效果了。

强调灯饰空间效果

04 用深蓝画灯饰主体第二遍颜色，强调空间效果增加体量感。亮部要保留白色，看起来更加透亮。画出油灯的投影就不觉得是在空中飘浮了。

灯饰最终效果

05 最后一步用my color2（BG-7█）号蓝灰色勾画形体的暗部，在高光处画白色达到增强空间的效果。

下面列举些灯饰与小饰品表现效果，供大家学习交流。

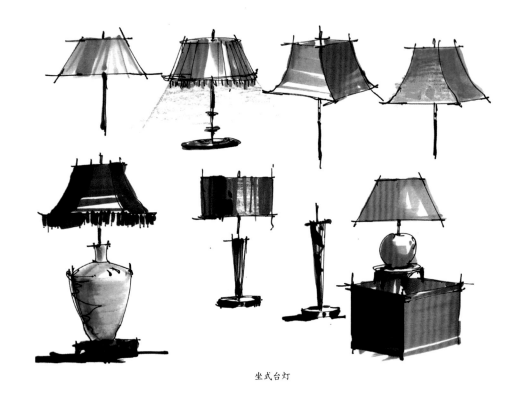

坐式台灯

装饰物品

4.2.1 室内小型植物

范例1：盆花

盆花线稿

01 勾画出盆花的线稿，线稿不需要过细，能分辨出基本形状就好。

定基本色彩

02 先用my color2（153■）号浅绿色表现大面积的绿色叶子，再用my color2（14■、88■）号红色、紫色表现小面积的花，要理解插花中花的朝向。

丰富花卉色彩

03 反复叠加，可使色彩明度丰富起来。

刻画球体花瓶

04 用my color2（BG-3■）号浅蓝灰色表现花盆，注意球体花盆运笔的方法，花盆的高光要保留空白。

05 丰富画面用my color2（43■）号深绿色加重绿叶的投影部分，再用my color2（BG-7■）号蓝灰色强调花盆的明暗交界线和投影，使花盆的球体感更强列。

范例 2：插花

线稿定位

01 勾画出花瓶和植物叶子摆放的位置与方向。

定插花的基本色调

03 用my color2（153▇）号浅绿色采用"漂笔法"顺着叶脉生长的方向，从叶子根部向叶子梢部快速地扫出形成渐变效果。

丰富色彩

完成线稿

02 勾画插花详细的线稿，注意叶子与叶子前后的穿插关系。

丰富插花色彩

04 用my color2（155▇、14▇、33▇）等颜色表现花瓣与叶子的暗面。

05 用my color2（43▇）号深绿色刻画叶子的暗部，再用my color2（88▇）号紫色丰富插花的色彩。

画出花瓶的固有色

完成效果

06 用my color2（99■）号棕色画花瓶的固有色，运笔是该步骤的关键。

07 强调画面暗部，花叶与花瓶的暗面可以用同色系的深色加重，使空间感更加强烈。

4.2.2 室内较大型植物

室内空间相比室外还是有限的，所以一般不会放置太大的植物，但在公共大厅中还是可以见到较大的植物的。在表现室内植物时要注意植物色彩与室内空间色调是否协调，表现手法要求比较细腻。

范例 1：散尾葵

散尾葵是室内比较常用的植物，也是效果图表现常用来修饰画面的几种植物之一。

01 勾画出散尾葵枝干和叶脉的基本结构与方向。表现花盆时不要过小，否者就托不住整棵植物了。

画出基本结构

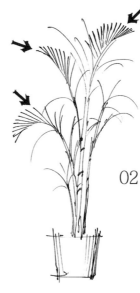

02 着重表现散尾葵叶子，叶子呈扇形向外面舒展，线条要求流畅自然。

沿着叶脉勾画叶子

03 丰富散尾葵的叶子，勾画叶子的次序也要从整体出发。

从整体刻画散尾葵叶子

04 完成散尾葵的线稿，注意叶子要疏密适当。

完成线稿

05 用my color2（153█）号浅绿色定叶子的基本色调，可根据扇形叶子的走向运笔着色。

定散尾葵色调

06 用my color2（155█）号绿色表现暗面的叶子和下面的老叶子，叶子整体的明暗变化要有节奏。

区分叶子的明暗关系

07 画出散尾葵根茎的空间和色彩，受光面留有空白。

散尾葵根茎表现

08 用my color2（BG3▨）号蓝灰色刻画花盆固有色，注意圆柱体的用笔表现。

丰富形体

09 用my color2（BG5▨、7▨、9▨）号蓝灰色刻画花盆的暗面与投影。完善整盆散尾葵的色彩，注意空间的虚实。

丰富形体

范例2：千年木

千年木的花型优美，是室内常用的较大植物。

定基本形态

01 勾画千年木的花盆与主要茎叶，线条要求流畅自然。

完成线稿

02 完成线稿的勾画，在勾画线稿的时候注意植物形态的变化。

定基本色调

03 用Touch（59▨）号浅绿色画千年树的基本色调，着色的运笔手法与勾线的运笔手法相同，从中心向四周运笔快速画出。

丰富千年木枝叶

04 用Touch（59▨▨）号浅绿色整体画一遍基本色调后，再用Touch（51▨）号深绿色画千年树暗面的色彩，运笔方法一致，注意保持塑造球体的效果。千年木的茎用Touch（WG3▨、6▨）号暖灰色画。

完成效果图表现

05 用Touch（WG2▨、3▨、6▨）号暖灰色塑造圆柱体花盆与花盆的投影。

范画

室内植物
表现1

室内植物
表现2

4.3.1 玻璃与金属器皿表现技法

许多玻璃物品和金属器皿在室内设计中非常多见，是常用的装饰用品和生活必需品。

范例 1：陶瓷碗

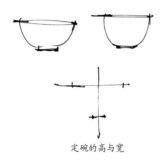

定碗的高与宽

线条流畅左右对称

01 定陶瓷碗的高与宽，以碗的中心为轴线左右对称，这种以一个中心旋转而成的物体都要左右对称。

02 左右运笔尽量快速流畅，注意左右是否对称。

刻画暗面

强调球体

03 用my color2（WG1███）号暖灰色画碗的暗面，要随形运笔。

04 用my color2（WG3██）号暖灰色强调暗面，使空间感更强。

画出投影

05 用my color2（WG7██）号黑色画出投影的位子与色彩。

着色步骤与上面相同。

范例 2：玻璃杯

勾画线稿

01 勾画线稿，线条流畅，运笔要有节奏。

确定明暗关系

02 用Touch（66██）号蓝绿色从上向下地画玻璃暗面。

强调光感

03 用Touch（68██）号绿色强调暗面和亮面的光感，重点是运笔与笔触。

完成效果

04 画出杯子背面的那条结构线，凸显空间效果。

范例 3：圆形杯子

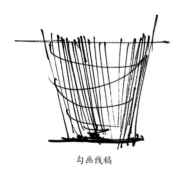

勾画线稿

01 画出圆形杯体的基本结构，线条的疏密变化表示圆柱体的明暗关系。

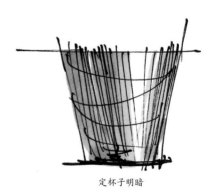

定杯子明暗

02 用Touch（66██）号蓝色画杯子的基本色调，重点是在圆柱体的亮面留白。

强调圆杯体积

03 用Touch（50██）号深蓝绿色画圆杯的明暗交界线，使空间更加明显。

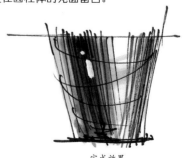

完成效果

04 用Touch（BG5██）号蓝色画出投影与暗面，用高光笔在明暗交界线的位置画一点，让杯子更有质感。

范例4：高脚杯

画出线稿

01 勾画线稿，高脚杯上下形状大小·结构可以不严谨，但左右一定要对称。在高脚杯的转折处一笔画不出来可以采用两笔画成的方法。

杯中添加颜色

02 可以在杯子里加些颜色如my color2（14 ）号红色表示杯中的酒水，颜色采用平涂的方法。

画出杯子的明暗交界线

03 用my color2（CG1 ）号冷灰色画透明杯中的暗面，重点是杯子的明暗交界线。杯子的底座因为表面较小，稍加冷灰色即可。

完成效果

04 高光笔画出杯子表面的高光。

范画

圆形或圆柱体玻璃制品表现方式基本相同。

玻璃花瓶

金属器具：在画金属用具时同画玻璃用品是一样的笔法，不同点就是色彩。冷色用来表示金属用具居多，不画出通透的效果就可以。

金属用具

4.3.2 立面玻璃表现技法

玻璃是手绘表现中的难点，不透明的玻璃稍好表现，而透明的玻璃因为要表现出玻璃里面反射物体的色彩就有些难了。

范例 1：玻璃护栏 1

玻璃护栏线稿

01 勾画出玻璃护栏的主要结构。

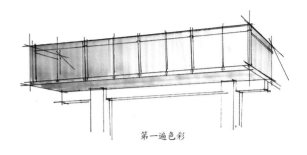

第一遍色彩

02 用Touch（68████）号浅蓝色画玻璃底色，运笔方法与画"N"字形渐变相同。暗面可以画两遍，加强明暗对比。

画出基本结构

03 用Touch（WG2████、3████）号暖灰色画出护栏下柱体结构的色彩，注意运笔技巧。

玻璃第二次渐变

04 用Touch（57████）号蓝绿色画第二遍玻璃护栏色彩，注意色彩不要画得过满。

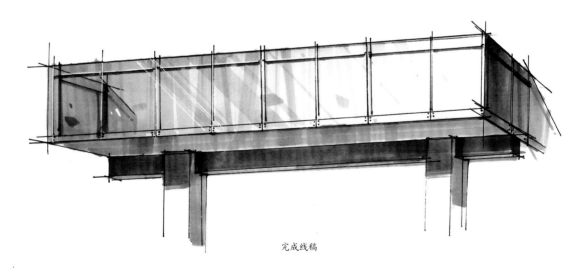

完成线稿

05 用Touch（WG5████）号暖灰色画第二遍柱体色彩，强调柱体结构的空间感。用Touch（57████）号暖灰色画护栏亮面的光影斜线。

范例 2：玻璃护栏 2

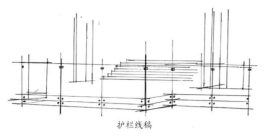

护栏线稿

01 勾画线稿，准确画出玻璃护栏结构与玻璃后面的台阶结构。

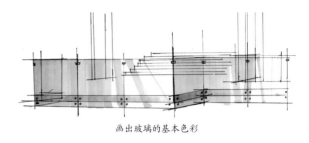

画出玻璃的基本色彩

02 用Touch（66█）号浅蓝色画出玻璃的基本色彩，玻璃暗面用Touch（68█）号蓝绿色加深。

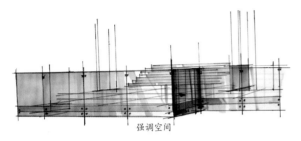

强调空间

03 用Touch（WG2█）号暖灰色画出楼梯的结构和地面的色调、反光。

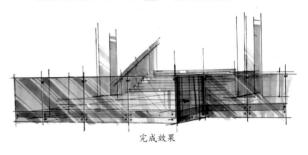

完成效果

04 用Touch（51█）号蓝绿色强化玻璃暗面，再用Touch（76█）号蓝色画玻璃的光影效果，注意光影斜线的疏密变化，最后用高光笔画出玻璃的高光。

范例 3：玻璃柜台

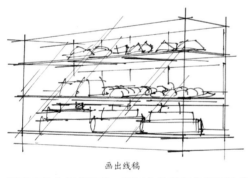

画出线稿

01 可以直接勾画墨线稿，同时把玻璃柜台里面的食品徒手快速表现出来。

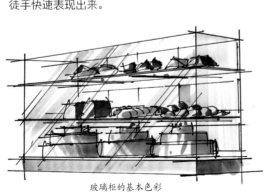

食品色彩

02 首先用鲜艳的马克色画出柜台中的食品，马克笔表现食品时色彩不要画满，要留有空白。

03 用Touch（68█）号浅绿色画玻璃基本色彩，柜台的底部是金属，用Touch（75）号蓝紫色表示，也可以用蓝灰色画。

玻璃柜的基本色彩

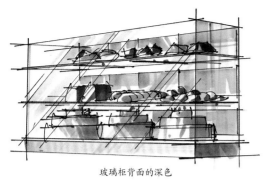

玻璃柜背面的深色

04 用Touch（66　）号蓝色画玻璃柜台后面的玻璃，这样加深玻璃后，使空间感更突出。

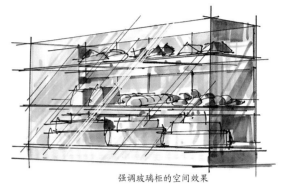

完成玻璃柜的整体色彩

强调玻璃柜的空间效果

05 用Touch（66　）号蓝色画光影斜线，柜台的亮面暗面明度又有些相同。这时在柜台的暗面用Touch（50　）号深蓝色强化空间。

06 最后一步是加深玻璃柜台的暗面关系的同时提亮玻璃柜的高光。这样整个玻璃柜台的效果更加完整。

玻璃门里面
的效果

范画

注意玻璃门与里面景物的关系。当玻璃为主体时，里面的人物与物体就要简略地画。

入口玻璃
效果

在室内空间中，用大面积玻璃充当隔断，视线是通透的。玻璃要表现得清澈通透并有光线穿过来。

4.4 室内地面表现技法

地面是室内承载家具的重要基础，也是室内色彩的重要参考因素。室内地面手绘表现的重点是材质的纹理与光感。

4.4.1 木质地板表现技法

在本节中表现的地板是纵向铺装的木质地板，其纹理作为透视重点。着色方面马克笔的编排是难点。

范例：纵向铺装地板

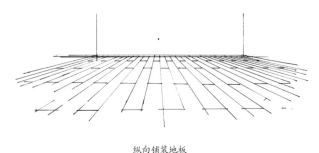

纵向铺装地板

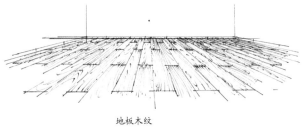

地板木纹

01 确定地板的透视关系，表现室内地板时视平线画低些，这样视角更加美观。

02 用更细的勾线笔刻画地板上面的花纹。表现木质花纹时，要注意花纹的变化。

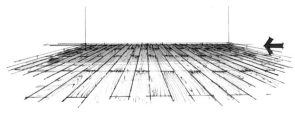

横排笔笔触

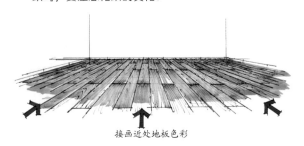

接画近处地板色彩

03 画纵向地板时有的初学者会沿着地板的纵向编排马克笔，那样是不行的，因为马克笔触不能表现出近大远小的透视效果。可以用Touch（104■）号黄色画横排笔的笔触来上第一遍色彩，重点是横排笔触的编排。

04 用Touch（104■）号黄色在上一步的基础上，从近处的底边开始起笔可以快速随地板的方向画。

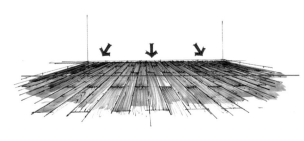

从里向外漂笔渐变

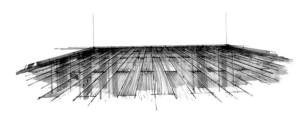

画倒影与提高光

05 用Touch（101■）号黄色从里向外漂笔画地板的进深，画到地板的一半左右就好。

06 用Touch（100■）号黄色相对略深的色彩表现地板亮面的投影色彩，最后用细的高光笔勾画出地板棱上的高光。

4.4.2 地面砖表现技法

表现地面砖主要是解决纹理透视和地面光感，大块面砖相对来说比较好表现，小块地砖就要有耐心了。

范例：彩色瓷砖

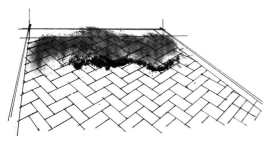

色粉铺底

01 线稿勾画完成后，先用土红色色粉画出从里向外的色彩渐变。

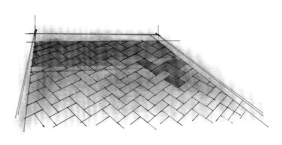

横画远处锦砖

02 用my color2（94■）号土红色画锦砖的固有色，远处的锦砖可以采用横画的方法表现。近处的锦砖要表现每一块砖的色彩。

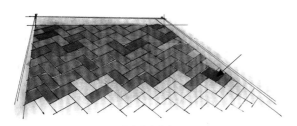

画出基本色彩

03 用马克笔画锦砖时要以锦砖摆放的方向为依据，个别的锦砖要着重刻画，这样更显真实效果。如图中箭头指示的锦砖是用my color2（91■、97■）号深红色表现的。

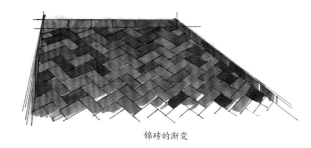

锦砖的渐变

04 近处的锦砖要会收尾，而表现踢脚线锦砖的重点是笔触的渐变技巧。

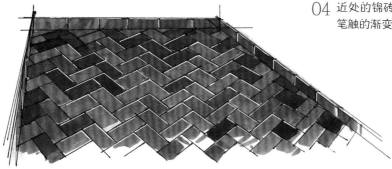

最后效果

05 用高光笔画出锦砖的高光，整幅图就完成了。

4.4.3 地毯表现技法

范例：传统地毯

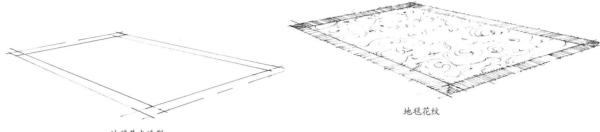

地毯花纹

地毯基本造型

01 先画出地毯的基本透视关系。

02 徒手勾画地毯上面的花纹，注意花纹近大远小的透视规律，花纹变化也不要太雷同。留意地毯边缘的透视变化，画错了会有种高台的感觉。

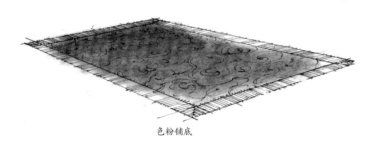

色粉铺底

03 用马利牌棕色色粉笔画底色，色粉远处浓重些，近处略淡些。不要画成一样的明度，要有变化。

04 用Touch（42■）号绿色画地毯上主要的花纹，马克笔运笔过程中要有宽窄粗细的变化，地毯花纹才会有空间变化。

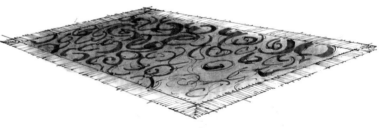

画出主要花纹

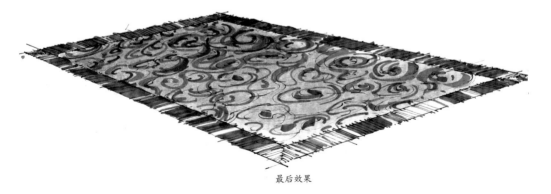

最后效果

05 用Touch（101■、104■）号棕黄色画地毯的边缘，着色笔触与勾线稿画的方向相同。地毯花纹用Touch（51■）号深绿色和棕红色刻画并用色铅笔加以完善。

范画

地板处理
方式

地板的省略
方法

室内墙面的用料多种多样，表现方法上与室外石墙的表现方法基本相同。

4.5.1 文化石石墙表现技法

范例：壁炉

01 先勾画出壁炉的基本造型——长方体。

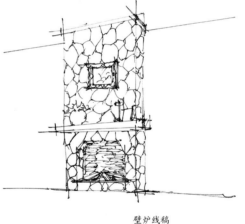

基本造型

02 刻画壁炉的石头，石头的大小应有所变化。

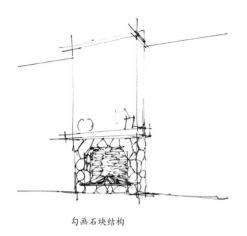

勾画石块结构

03 壁炉上的装饰物也要表现出来，注意透视比例。

壁炉线稿

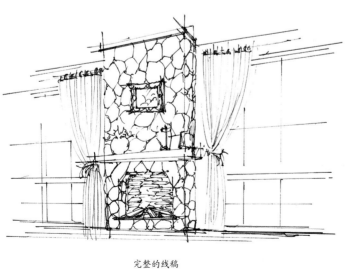

04 表现壁炉旁边的窗帘与窗子，窗帘线条要流畅自然。

完整的线稿

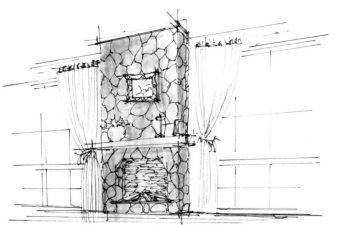

色粉铺底

05 用24色文化堂色粉的80号█色粉笔表现壁炉的基本色调，着色技巧同样是用纸巾把色粉揉进纸里。

06 用Touch（104█）号黄色画壁炉的暗面，用Touch（99█）号棕色画壁炉里面。暗面可以叠加Touch（WG3█）号暖灰色，使暗面色彩的明度降低。

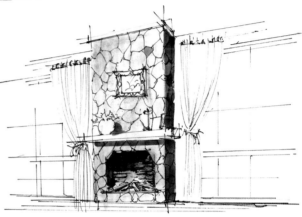

先区分明暗

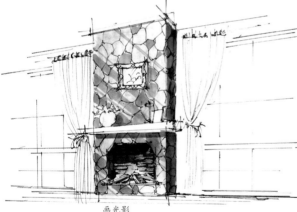

画光影

07 用Touch（104█）号黄色在亮面斜排笔表示光线，把深浅不同色彩的石材加以区分。

08 在壁炉整体色彩都表现完成后，对局部的材质加以刻画。浅色石材用色铅笔细致刻画，排笔笔触与光影的斜排笔触要一致，这样表现效果会很统一。

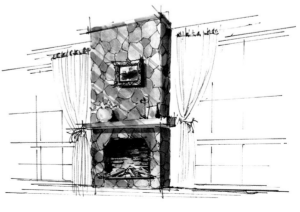

色铅笔刻画细节

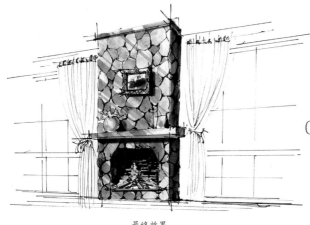

最终效果

09 用鲜艳的马克笔表现装饰物，用Touch（99■）号棕色马克笔画石头与石头的缝隙，壁炉里面石头缝隙可以用Touch（WG9■）号深灰色画，可以增加空间层次感。

4.5.2 砖墙石材表现技法

砖作为室内造型和墙面装饰的重要组成部分，可以演变出不同形状、不同质感的样式。要想画好整个空间的材质就要从一面墙开始。

范例：砖墙表现

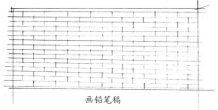

画铅笔稿

01 先用铅笔画出墙砖的基本结构。

色粉铺底色

02 用棕红色色粉画出砖墙面的基本色彩。

勾画砖缝

03 再用墨线笔勾画砖缝也就是墙面的结构，这与前面画图次序相反，也可以先画色粉后再勾画墨线稿。局部的效果也可以先用马克笔然后再画墨线稿，画图次序不是一成不变的。

画砖块方法之一

04 用my color2（94■、101■、95、92）号深浅不同但在同一色系中的棕色表现丰富多彩的墙砖。如果徒手表现不好，可以采用尺规画砖块的方法表现，这样看起来效果干净整洁。

画出砖块的色彩变化

05 用my color2（94■）号红色为主要色彩，表现墙面的整体色彩。重点注意砖块的疏密变化。

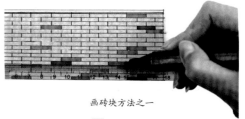

完成效果

06 用高光笔画出砖块的高光，注意不要每块砖都画上高光。这个墙面没有画出光影效果，看起来前面的光线更加柔和。

第5章

马克笔表现
景观元素与材质

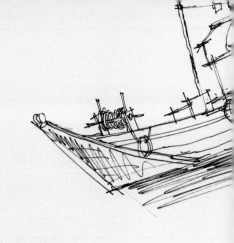

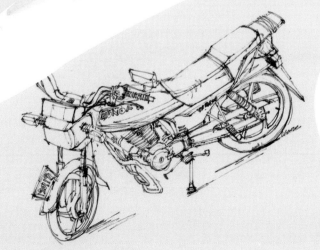

5.1 水体表现技法

5.1.1 静态水体表现

范例：湖边

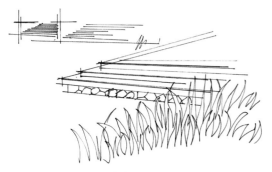

湖岸结构

01 把场景中湖岸的基本结构表现出来。

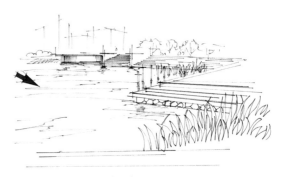

湖边线稿

02 刻画水面波纹，表现水面成"Z"字曲折形运笔方式，静态水面线条应画的平缓。物体在水面的倒影线条表现相对稠密。

第一遍色彩

03 用Touch（185 ）号浅蓝色表现水面的基本色彩，并且有空间层次感。物体在水面的倒影应加重色彩。

05 用Touch（WG2 、WG3 ）号暖灰色表现近处的堤岸，用Touch（BG2 、BG4 ）号蓝灰色表现远处的堤岸。用Touch（47 、59 ）号浅绿色表现水岸边缘草丛。这样水面周围环境的色彩会形成近暖远冷的色彩空间效果。

完成效果

04 用Touch（183 ）号蓝色强调远处水面色彩的层次，近处用浅蓝色远处用较深的蓝色表现平整的水面，色彩不应过多起伏。

增加景观

湖岸色彩

06 最后用Touch（43 、51 、59 ）号绿色表现远处的植物，起到丰富画面的效果。

5.1.2 动态水体表现

动态水在景观设计中常常用到，是景观设计必不可少的造景元素之一。

范例：叠水

主要结构线稿

01 用勾线笔直接勾画出桥、水、石的基本关系（或者可以用铅笔起稿画好结构后再用墨线勾画线稿），运笔要求线条流畅自然。

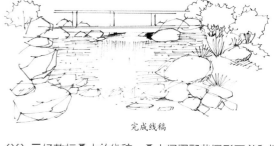

完成线稿

02 画好整幅叠水的线稿，叠水周围配些圆形石头和植物，以丰富整幅画面。

浅蓝色做底色

03 用Touch（76■）号浅蓝色画叠水的基本色调，叠水的部分表现要快速扫笔完成，横排笔刻画平缓水面。

石材基本色调

04 用Touch（BG3■）号蓝灰色画叠水周围石材色调，在着色之前确定光源方向在左边。

05 用Touch（BG5■）号蓝灰色画石材的暗面，使石材有空间感，用Touch（48■、59■、88■、14■）号鲜艳的暖色画近处的植物，用Touch（43■、42■、51■）号深色的冷色画远处的树木，这样在色彩方面就会形成空间的进深。

强调明暗、丰富色彩

06 用Touch（66■、120■）号深蓝色和黑色表现水体和石材的深色区域，Touch（104■）号暖黄色表现小桥，用蓝色、紫色色铅笔刻画远处的天空。

完成效果

叠水1

叠水2

溪水

公园叠水

公园水景

5.2 石材表现技法

5.2.1 汀步石材表现

汀步在景观中非常常见，如水池中的汀步和草地上的旱汀步，下面分别介绍两种汀步的表现方法。

范例1：汀步

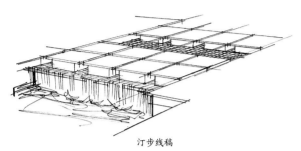

汀步线稿

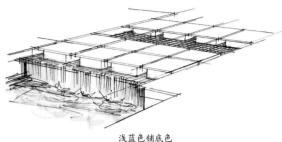

浅蓝色铺底色

01　可以铅笔起稿，勾线笔勾画墨线稿。注意整体汀步的透视、比例是否正确。

02　用Touch（185　）号浅蓝色表现水体，马克笔运笔的方法采用平铺的方法表现。

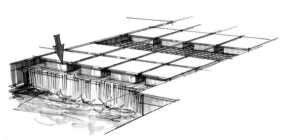

从暗面表现起

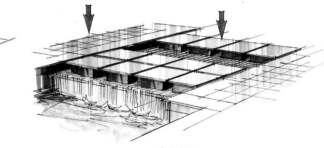

表现亮面

03　用Touch（BG4　）号蓝灰色表现水池边花岗岩石板的暗面，灰面注意留白。由于所要表现的面比较小，笔触采用纵排笔的方式表现。

04　用Touch（BG2　）号蓝灰色纵排笔表现花岗岩汀步的亮面，纵排笔时注意汀步与水池边缘亮面的疏密变化。汀步的灰面与暗面再用Touch（BG5　、BG6　）号蓝灰色加深色彩，以增加汀步的空间效果。

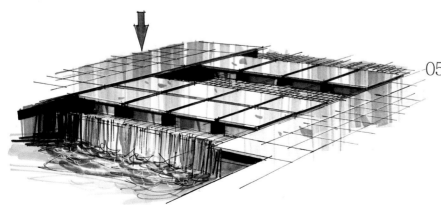

完成线稿

05　最后一步强调明暗关系，用Touch（BG4　）号深蓝灰色表现暗面的色彩，以加大空间对比效果。用Touch（BG3　）号蓝灰色在远处的亮面上加深灰色，增加亮面的空间效果。

范例2：旱汀步

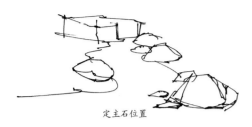

定主石位置

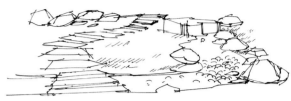

完成主要结构

01 先确定出主要的景观石，线条
要求流畅自然。

完成线稿

02 准确画出汀步的透视关系，在画汀步时不能把石
板画翘起来，丰富画面效果。

景观石的底色

03 用Touch（104█）号浅黄色画景观石的底色（这里景
观石的色彩是为旱汀步所服务的），干枯的河床可以用
Touch（WG2█）号暖灰色表现，用笔尽量简练。

汀步着色

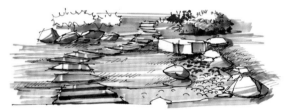

近暖远冷的草地色彩

04 用Touch（BG2█）号蓝灰色画出旱汀步的
亮面（这里的汀步几乎没有亮面，很少的暗
面），亮面一定要留空白（留白是为了透气
更显光感）。

05 用Touch（48█）号绿色表现近处的草地，用Touch
（47█）号绿色表现远处的草地，这样在色彩上会产
生空间变化。远处的花草用鲜艳的紫色和红色画上，
也要留有少量的空白。

06 最后一步是用深色强调空
间感，以丰富画面效果。用
Touch（BG3█）号蓝灰色
在汀步的亮面再加深一遍，
这样是为了增加画面层次。
用Touch（99█）号棕色表
现景观石的暗面，用Touch
（WG2█）号暖灰画景观
石，以降低石头的纯度。

丰富画面效果

5.2.2 自然石材表现

自然状态的石材在景观中常常出现，造景手法有独石、叠石等。在人们的印象中石头多棱角而坚硬，在手绘表现中要尽量表现出多棱角，就显得像石块了。

范例1：石块

确定主景石

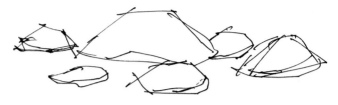

丰富石材

01 表现水岸边上的石块，先确定场景中主石块，表现时石块多成菱形，勾画线稿线条流畅中带有折痕和棱角。

02 围绕着主石块刻画小石块并丰富画面，表现笔法一致。

完成线稿

03 刻画水面与石块周围的小草，水面多以横折线为主。

第一遍着色

04 用Touch（BG2▨）号蓝灰色刻画石块第一遍色彩，同时塑造石块转折面的效果。

第二遍着色

05 用Touch（BG5▨）号蓝灰色强调石块暗部关系，使石块更有立体空间效果。

06 用Touch（66▨、62▨）号蓝色强调石块在水中的倒影，用Touch（43▨）号浅墨绿色表现石块周围的草地。

强调暗部、丰富画面

范例 2：天然石板路

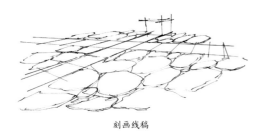

刻画线稿

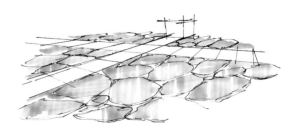

第一遍色彩

01 天然石板表面粗糙线条要曲折自然富有活力，加工过的花岗岩石板表面相对光滑，可以用直线表现。

02 用Touch（WG2██）号暖灰色表现天然石板色彩，近处的天然石板用竖排笔的方式表现，会产生光感的效果；远处石板横排笔表现，会产生虚化省略的效果。表现笔触可以根据个人喜好自由搭配。

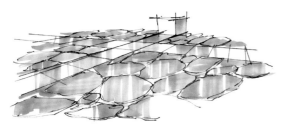

石板表面着色

刻画石板暗面

03 用Touch（BG3██）号蓝灰色表现花岗岩石板表面，竖排笔画出石板的倒影。由远及近地快速漂笔，形成色彩明度渐变。

04 丰富调整画面，用Touch（WG5██）号棕色表现天然石板的厚度，再用Touch（42██）号绿色表现天然石材缝隙中的小草，小草疏密应有变化。

5.2.3 景观石墙表现

景观石墙的形式多种多样，功能也不尽相同。石墙与水结合造景较多，下面以水景边的石墙作为范例。

范例：景墙

勾画线稿

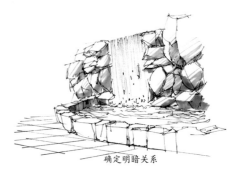

确定明暗关系

02 用Touch（WG3██）号暖灰色表现出石块的明暗关系，笔触可以采用斜排笔方式表现。

01 刻画完成堆砌石块的结构线稿，石块表现要有较多的棱角。

03 用Touch（WG5██）号暖灰色表现近处石块的暗面与石墙更深的暗面，用Touch（WG2██）暖灰色表现近处石块光影效果。

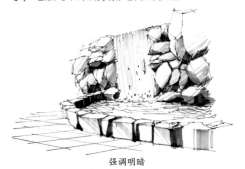

强调明暗

浅蓝色画水

刻画暗部强调空间

04 用Touch（183■）号蓝色表现水体，快速运笔表现水体瀑布色彩，池中水面表现要有动感。

05 用Touch（62■、WG7■、WG9■）号蓝色表现石块在水面的倒影，用深色暖灰表现石块暗部的缝隙。

06 最后一步用Touch（BG2■）冷灰色表现光洁的花岗岩地面。

完成效果

范画

景观石1

景观石2

景观石桥

景观小品

5.3.1 乔木表现技法（2.5维画法）

乔木、灌木、石头等都可以采用"2.5维画法"来表达。"2.5维"是介于二维与二维之间的空间表述，是在纸面上表现三维空间、物体的简略方式，是一种视觉的残像，是便于手绘快速表现的一种手法。

如下面这两组范例所表述的那样，线稿是平面的，在线稿基础上着色通过明暗变化产生空间效果，但还不像照片那样真实，但是我们足以辨认出这是乔木了。这种方法表现起来快速，非常适合徒手快速手绘。

这就是"2.5维画法"的表现方式，运笔方法可以斜排笔、漂笔、平涂等笔触。

范例1：乔木

这里所表现的乔木没有指出具体的树种，因为在手绘效果图中比较难分辨出具体的树种，只有单独表示出来。

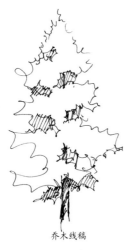

乔木线稿

01　勾画出乔木的基本形状，线条要求变化灵活流畅。

确定明暗

02　用Touch（59█）号浅绿色画乔木的基本色调，运笔方法可以斜排笔或从下向上漂笔，整体暗面可以用同一只马克笔表现。

暗部加深色彩

03　用Touch（47█）号绿色画乔木的暗面，每笔的笔触不要一样，否则比较死板。可以采用斜线的排笔方式表现圆柱体。

完成效果

04　用Touch（51█）号深绿色画乔木的暗面，使空间感更加突出，树干用Touch（WG5█）号暖灰色表现，树干在多年的风化过程中呈现出灰黑色，所以用暖灰来表现树干。

范例2：松树

松树是景观设计中常用的乔木之一，因松树形象特征明显也易于手绘表现，所以常常被用到。

松树线稿

漂笔画第一遍色彩

01 勾画线稿要沿着松树的基本形状——圆锥外轮廓形来表现松树，树形边缘勾线锐利。

02 用Touch（43■）号绿色采用漂笔法画出松树的基本色彩，排笔笔触均匀。

丰富画面

刻画暗部、强调空间

03 用Touch（51■）号墨绿色对远处的树木着色，形成冷暖色彩的空间对比与明暗对比。

04 用Touch（51■、120■）号深绿色和黑色结合表现乔木的暗面。黑色在个别的位置使用，不要过多使用，完成松树的表现。

范例3：远处的乔木

远处乔木多是在画面背景或远处使用，树冠成棉花团状。

勾画线稿

定乔木色彩

01 勾画线稿，运笔笔法与近景树刚好相反，笔触是向外突出形成棉花状。这与自然界中远处高大的乔木所呈现的效果相仿。

02 用Touch（42■）号绿色采用竖排笔的方法对树冠着色。

色彩空间对比

完成效果

03 用Touch（51■、43■）号绿色表现远处的植物，使主景树与背景树产生空间效果。

04 用Touch（43■）号绿色刻画乔木的暗面，使树冠产生空间对比效果。

范例 4：树林

完成线稿

先画远处乔木的绿色

01 勾画树林线稿，用树冠与树干大小·表现树木之间的前后距离。

02 用Touch（59■）号浅绿色表现中景树，笔触可以轻松些。

表现近处的乔木色彩

刻画远处低矮的乔灌木

03 用Touch（47■）号鲜艳的绿色表现近景乔木，笔触采用竖排笔的方法来表现。

04 远景的植物采用Touch（43■、51■、99■）号绿色、棕色马克笔表现，从明度、面积大小上产生空间效果。近景植物可以用更鲜艳的如Touch（88■、23■、14■）号粉色、黄色、红色表现，用Touch（47■）号色表现草地。

丰富中景树的色彩

完成效果

05 用Touch（43■、42■）号绿色画树林的远景植物和树木的暗面，起到丰富空间丰富色彩的作用。

06 用Touch（183■）号浅蓝色表现水体，水在景物中不是主角所以要略画。用Touch（62■、BG5■）号蓝色表现最后面的远景，丰富空间层次。

5.3.2 灌木表现技法

在街道景观、公园景观、居住区景观、广场景观等场景中都能看到灌木的身影，灌木多数被修剪成几何形状。

范例1："S"形绿篱

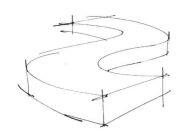

"S"形绿篱的结构

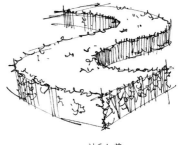

刻画细节

01 画几何形的绿篱首先要画出绿篱的基本形态，如"S"形绿篱。如果不画出几何形体结构，也要在心中勾画出这个几何形体，做到心中有数。

02 沿着几何形体的边缘勾画出绿篱的具体形象，同时要反应绿篱的明暗关系。

深色画出暗面

画出亮面的浅绿色

03 用Touch（43■）号绿色竖排笔画出绿篱的暗面和空间关系，表现手法和圆柱体的表现方法一样。

04 用Touch（47■）号绿色横排笔画出绿篱亮面色彩。重点是不能把带状的亮面画满绿色，着色时要有节奏变化（"疏密疏"的变化规律）这样亮面会产生层次变化。近处要留白，因为马克笔的弱点是渐变效果不好把握，留白是为再次着色留有余地。

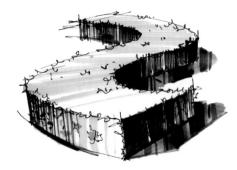

05　用Touch（BG5■■、BG7■■）号蓝灰色表现
　　绿篱的投影，在投影中添加深黑色会让投影
　　更有层次感。

完善画面

范例2：球形绿篱

刻画线稿

01　沿着圆形画出绿篱的曲折线稿，确定光影关系，受
　　光面线条稀少，背光面线条稠密。

漂笔画出球体明暗关系

02　用Touch（47■■）号绿色从下向上漂笔，形成从下
　　到上的渐变效果。在球体的暗面点画些笔触突出空
　　间层次。

深绿刻画暗部绿色

03　用Touch（43■■）号绿色刻画暗面与投影，起到
　　强化球形绿篱的作用，重点是笔触不能一样，否
　　则会死板。

完成效果

04　用Touch（51■■）号深蓝绿色表现投影与球体的暗
　　部，起到强化空间对比的作用。

范例3：一排球形绿篱

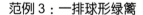

前景与远景线稿的变化

01　表现一排绿篱时从轮廓线就要做变化，近景绿篱线
　　稿变化明显丰富，中景轮廓线变化较少，远景轮廓
　　线变成圆润形，这是透视变化的结果。

从远处绿色画起

02　远景球形绿篱用Touch（43■■）号绿色，中景用
　　Touch（42■■）号绿色表现，笔法都是从下向上飘
　　出的渐变效果，球体的底部可以画两遍。

再画近景灌木

丰富画面效果

03 近景绿篱用Touch（47██）号绿色表现，手法同样是漂笔的渐变效果，近景绿篱的暗面要用多些笔触（笔触要有变化不能雷同）表现。

04 绿篱下面的草地用Touch（59██）号浅绿色漂笔的方法画，而绿篱投影处用Touch（51██）号墨绿色刻画形成整体的空间效果。

范例4：大叶球形绿篱

从上向下分层画叶子

刻画完成的线稿

01 勾画球形绿篱顶端的叶子，因为上面的叶子遮盖下面的叶子，所以先画上面的叶子。叶片刻画要求饱满，叶片可以3笔画成也可以两笔画成。

02 完成绿篱的线稿，阴影处用可以画得稍深些。叶子的方向不能一样（符合自然界植物生长规律），要向四周分散地生长。

03 用Touch（59██）号浅绿色把绿篱整体画一遍彩，用Touch（47██）号绿色画球形绿篱暗面的叶子，注意不能把每片叶子都画满颜色，在叶子的边缘或叶脉处要留有空白，使叶子有透气效果。

先画浅色   刻画暗面的叶子

表现叶子的缝隙

最后完成效果

04 用Touch（43██）号绿色画暗灰面的叶子，这时叶子留白要少些。注意叶子穿插变化。

05 用Touch（51██）号墨绿色刻画绿篱与地面接触的位置和投影。

5.3.3 草本植物表现技法

草本植物在景观设计中常常遇到，同时也是表现的内容，由于草本植物形象不好把握，要注意临摹。下面介绍几种植物的表现方法。

范例 1：棕榈竹

从植物的顶部画起

完成线稿

01 第一步画出主要的棕榈竹位置，同样是先画顶端的主要叶子，重点是叶片的透视变化。

02 在已画出的叶子的基础上添加更多的叶子，把这些棕榈竹叶整体概括成球体，画暗面强调球体空间感。

画第一遍色彩（底色）

刻画叶子的暗面

03 画面构成元素的色彩是随着整幅图的色调而定，用什么颜色表现画面的配角都可以，这个棕榈竹是用黄颜色表现的。用Touch（41█）号黄色画棕榈竹的基本色调，叶片要适当留白，否则会把整幅图画"死"。

04 用Touch（100█）号棕黄色表现叶子的暗部，以丰富整体的空间效果。

刻画深色区域

完成效果

05 用Touch（99█）号土红色表现棕榈竹的底边（球体的暗灰面），丰富色彩塑造空间。

06 用Touch（120█）号黑色刻画少部分叶子的投影（利用反衬的方式），使整体空间效果拉大。

范例 2：龟背竹

龟背竹的线稿

01 勾画比较完整的龟背竹线稿，阴影处可以画斜线，以强调空间效果。

表现底色

刻画叶子暗部深色区

03 用Touch（43■）号绿色画叶子下面阴影部分，阴影部分着色时不要画到叶子上，否则会影响画面效果。

范例3：美人蕉

画出叶子的主要结构

01 画出美人蕉的叶片与花朵，注意叶片之间的穿插结构。美人蕉的叶脉可以在着色时画。

表现花色

03 完成叶片的第一遍着色后，用Touch（15■、23■）号红色和黄色表现花朵，花朵色彩不要画满也要留点空隙。

05 用Touch（43■）号绿色刻画远处的叶片，形成叶片前后的空间效果。

02 首先画一遍底色，用my color（48■）号绿色画顶部暖色的叶子，用Touch（47■）号绿色画底部的深色的叶子，这样在色彩上就有层次了。

丰富画面完成线稿

04 用Touch（51■、120■）号深绿色和黑色画阴影和投影部分。黑色要少用，否则会破坏画面的层次效果。

从浅色叶子画起

02 用Touch（48■、47■）号绿色给叶片着色，旋转笔触从下向上漂笔，注意马克笔颜色不要画出叶片范围。

丰富叶子结构

04 这时再勾画叶脉较容易区分出叶子的结构，同时丰富画面。

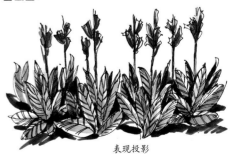

表现投影

丰富细节完成效果

06 用Touch（51■、120■）号深色画美
人蕉的阴影处和投影部分。

范例4：芭蕉树

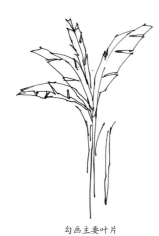

勾画主要叶片

完成线稿

01 首先确定芭蕉树的主干，围绕着主干确定叶片的方
向。

02 围绕中心芭蕉树安排刻画其他的芭蕉树，重点是叶
片前后的穿插关系，线条流畅。

定色调

刻画暗面色彩

03 用Touch（59■）号浅绿色画芭蕉树顶端叶子的色
彩。随着叶片的方向运笔，同时要快速流畅。着色
时可以先画亮面的叶子也可以先画暗面的叶子。

04 用Touch（47■）号绿色表现后面次要芭蕉树的叶
片，这样从色彩上划分出芭蕉树的前后空间关系，
向前生长的叶子不要先着色。

丰富色彩

完成效果

05 用Touch（43■）号绿色（或与43■号绿色相近的色彩也可以用）刻画较暗的叶片；芭蕉树的主干可以用Touch（42■）号黄绿色表现，草地用浅绿色就可以。

06 用Touch（51■）号墨绿色刻画更深色的叶子，完成芭蕉树的整体表现。

5.3.4 棕榈植物表现技法

棕榈树是南方景观设计中常用的树种，因树形美观，常种植于风景秀丽的热带地区。

范例1：棕榈树

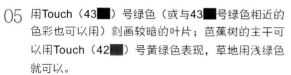

勾画出主要结构   叶片表现的规律

01 勾画棕榈树枝叶的经脉呈伞状，画经脉时要避免左右对称。再刻画棕榈树经脉上的带状细叶，刻画时要注意叶片的方向，用笔流畅细腻。

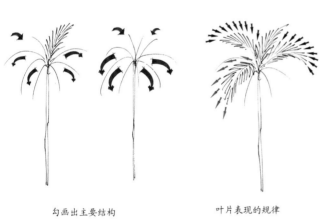

着色方法小样

完成整幅线稿   着色方法

02 刻画完成棕榈树的线稿，树干可以略细些。

03 用Touch（59■）号浅绿画出棕榈树的基本色彩，运笔与勾画线稿方法相同，运笔方向由外向内，运笔角度由小角度到大角度渐变。

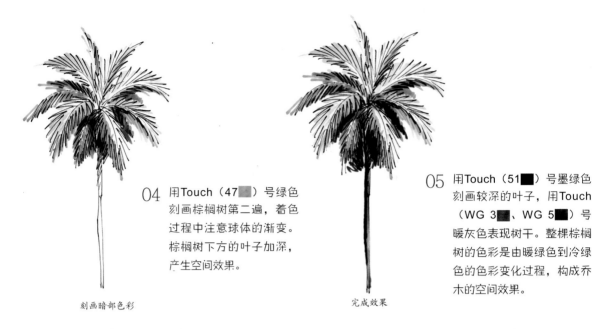

04 用Touch（47■）号绿色刻画棕榈树第二遍，着色过程中注意球体的渐变。棕榈树下方的叶子加深，产生空间效果。

刻画暗部色彩

05 用Touch（51■）号墨绿色刻画较深的叶子，用Touch（WG 3■、WG 5■）号暖灰色表现树干。整棵棕榈树的色彩是由暖绿色到冷绿色的色彩变化过程，构成乔木的空间效果。

完成效果

范例2：远近变化的棕榈树

在一幅效果图中树木会有由近到远的变化，怎么表现远近不同效果的棕榈树呢？下面从形状到色彩展示一下基本的变化。

棕榈树线稿

先画前景棕榈树的叶子

表现暗面的棕榈叶

01 3棵分别代表近景树、中景树和远景树线稿的透视变化。近景树刻画细腻，中景树次之，远景树要略画。远景树的叶子变化少但是主要的形象不能缺少。

02 先用Touch（59■）号浅绿色画中间的树，这样可以确定色调。用Touch（47■）号绿色画近处的棕榈树，近处色彩是根据中间棕榈树的色彩确定的，用Touch（43■）号深绿色画远处的棕榈树的色彩。

03 加强棕榈树的空间效果，用Touch（43■）号深绿色画3棵棕榈树的暗面，起到统一色调的作用。

04 整体色彩调整阶段，用Touch（47██）号绿色画中间树起到统一色调的作用。用Touch（WG3██、WG 5██）号暖灰色表现棕榈树的树冠。

完成效果

范画

棕榈树的其他
色彩表现

松树表现
形式

树木叶子
的表现

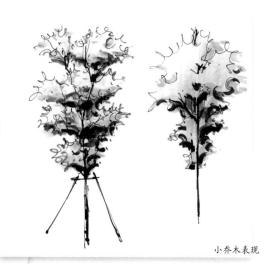

小乔木表现

小灌木表现

乔木表现得
可以夸张些

不同色彩
的棕竹

斜漂笔表现
乔木

毛竹

5.4 天空表现技法

5.4.1 天空简易表现技法

范例：天空

远处的天空

第二遍天空

01 用Touch（75■）蓝紫色竖排笔画出（相对）较远处的天空，远处天空色彩相对近处的天空色彩更多的呈现出紫色，所以表现远处的天空多画成蓝紫色。

02 用Touch（183■）蓝色画近处天空色彩，马克笔运笔方法与上一步骤是相同的。

03 用紫色色铅笔斜排笔表现远处天空的空间效果，用蓝色色铅笔表现中景的天空，这样使天空的层次效果更加丰富。

最后色铅笔统一色彩

5.4.2 渲染天空表现技法

范例：天空

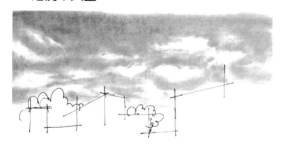

色粉画底色

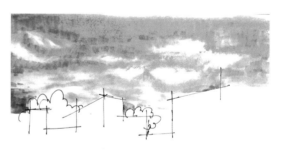

马克笔丰富天空层次

01 用天蓝色色粉笔表现天空的基本色彩，再用橡皮擦出白云的效果。在马克笔表现的效果图中渲染天空多数是用色粉颜料渲染，色粉在普通纸上可以画出出较理想的渐变效果。

02 用马克笔对天空的层次进行塑造，远处天空用色铅笔进行表现，同时用橡皮擦出远处的云彩。

5.5 交通工具的表现技法

5.5.1 汽车表现技法

在效果图中的交通工具不必像工业造型专业那样结构部件精准，表现手法夸张，富有创意。在室内外手绘效果图中的交通工具（汽车、摩托车、船只等）的透视、比例、形象等基本准确就可以。

范例 1：汽车

01　用铅笔和直尺刻画出汽车的基本形状，可以把汽车概括成一个长方体，在长方体中把汽车的基本结构表现出来。

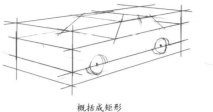

概括成矩形　　　　汽车基本结构

沿着基本结构刻画具体形象

勾墨线稿

02　用铅笔刻画出汽车的具体形象，结构不准确的地方要及时调整。

03　用墨线笔与直尺勾画出汽车轮廓线和结构线，汽车的基本形象已经确定下来。

定色调

画玻璃的色彩

04　用Touch（BG3██）号蓝灰色表现车体侧面，运笔方向与车体方向相同。

05　用Touch（BG2██）号蓝灰色表现车体的顶面，运笔的笔触要与车体的基本结构相一致（随形排笔）。车窗玻璃的色彩用Touch（62██）号蓝色画第一遍色彩，注意要留有足够的空白，给后面着色留有空间。

06　最后一步是刻画细节，前面几步有造型与色彩作为铺垫，这步的刻画就相对简单些，用Touch（BG9██）号深蓝灰色刻画玻璃较暗的部分，增加玻璃的质感（在表现汽车玻璃时反射周围环境色较多，用深黑色作为反射环境色来增加玻璃的质感）。用Touch（BG 5██、BG9██）号蓝灰色表现车身的暗面和汽车底部的投影，来增加汽车的空间效果。最后用橘红色刻画车灯，用白色高光笔刻画玻璃和车顶部的高光。

完成效果

范例 2：成组汽车

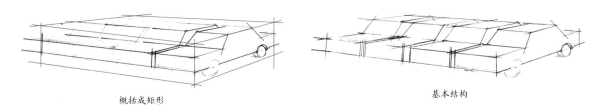

概括成矩形　　　　　　　　　　　基本结构

01　用铅笔画出整组汽车的基本形态——长方体，在长方体中进一步刻画出车辆的轮廓线，要求透视比例准确。

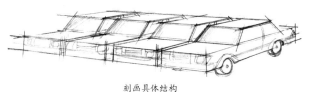

02　用铅笔细化每一辆车的基本造型结构，为墨线稿打下准确的基础。

刻画具体结构

边画墨线稿边擦铅笔稿　　　　　　　完成线稿

03　用墨线笔先画出近处汽车的具体结构，边画墨线稿边擦去铅笔线稿。注意不要破坏纸张的表面，那样会给着色带来麻烦。完成墨线稿的勾画。

画基本色彩　　　　　　　　　　　画玻璃色彩

04　用Touch（BG 3■、14■）号蓝灰色和红色表现汽车的侧面和暗面，为了让整组汽车看起来有变化，可从色彩上加以区分。

05　用Touch（62■）号深蓝灰色刻画汽车玻璃，汽车前挡风玻璃按照圆柱体的表现方式来塑造，注意玻璃上留有空白。玻璃的渐变色可以用色铅笔表现。

06　用Touch（BG5■）号蓝灰色表现车子侧面的渐变色彩。用Touch（BG 7■）号深蓝灰色刻画车底的投影。

画车底下的投影

07 最后可以用Touch（BG 9■）号深蓝灰色表现玻璃强/反光处，用Touch（120■）号黑色刻画车底部的局部，增加空间效果。用Touch（23■）号橘红色点缀车灯。

完成效果

范例3：两厢汽车

画出结构

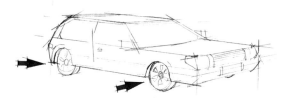

刻画细节

01 用铅笔和直尺表现汽车的整体结构，在表现场景中的汽车时不要过多考虑汽车的款式，能表达完整就好。

02 耐心地刻画出汽车具体结构，表现汽车时车轮子是比较难表现的位置，铅笔稿画得准确墨线稿就简单了。

勾画墨线稿

定色相

03 完成墨线稿。在表现汽车或其他交通工具时，物体要画得略方正些（这也是素描提倡的宁方勿圆）。

04 表现白色或银白色的汽车时多用暖灰色表现。用Touch（WG2■）号暖灰色表现汽车的基本色彩，从汽车的尾部向车前漂笔完成，画出汽车的基本明暗关系。

表现玻璃

05 用Touch（WG1■）号暖灰色表现汽车顶部的色彩，也要随形排笔。用Touch（62■）号深蓝灰色表现汽车车窗，着色方法同样是按照圆柱体的表现形式来表达。

06 用Touch（BG9■）号深色表现汽车玻璃的强反光，用Touch（185 ）号浅蓝色表现车灯。用Touch（WG4■）号暖灰色继续塑造车身，同样是按照圆柱体的结构表现车身。

完成效果

07 表现车窗玻璃的光感，由于前面步骤表现车侧面的玻璃比较暗，所以在表现光感时用深色把不必要的白色进行遮盖，同时形成了强烈的明暗对比。最后在玻璃最深的色彩上点缀高光，使玻璃更有质感。用Touch（120■、BG9■）号深色强调车底部的明暗关系，让车子更加有空间效果。

5.5.2 电动自行车表现技法

电动自行车是最常用的交通工具,在手绘效果图中也常见到。下面着重介绍电动自行车的表现过程。

范例:电动自行车

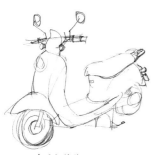
勾画铅笔稿

完成线稿

先从色彩开始表现

01　用铅笔勾画出电动自行车的轮廓结构。用墨线笔勾画墨线稿,线条要求流畅自然。

02　用Touch(23█)号黄色表现车体的主色调,笔触要随着车体表面的结构运笔,高光处留白。

白色漆与黑色座垫的表现

表现黑色轮胎

03　用Touch(WG2█)号暖灰色表现自行车白色的部分,注意要留白。用Touch(BG7█)号蓝灰色表现黑色的车座,运笔要注意坐面的转折关系,同样要留有空白。

04　用Touch(BG7█)号蓝灰色表现黑色的轮胎,注意轮胎要按照圆柱体的方式表现。

05　最后提高光的同时添加黑色,二者都是拉开色彩的明度色阶的好方法,会使空间对比更加强烈。在这些比较隐蔽的地方用Touch(120█)号黑色强调,但是不能用多黑色。

细节刻画

5.5.3 船只表现技法

船只在表现室外场景中经常能画到,通过以下几个范例介绍船只的表现方法,希望初学者能举一反三。

范例1：游艇

画出主要线条

丰富细节

01 徒手直接勾画船只的基本形象，初学者还是用铅笔起稿完成船只的造型。

02 逐渐完成船只其余部分的结构，有同学喜欢用线条勾画出物体的明暗关系也是很好的，但是不要以黑色掩盖不确定的细部结构。

画出形体暗面色彩

画玻璃色彩

03 用Touch（WG3■）号暖灰色表现船只的基本明暗关系，用漂笔法笔触随形排笔完成。

04 用Touch（62■、185 ）号深蓝色和浅蓝色表现船只的玻璃，使玻璃有明暗变化。

丰富画面

强调天空和水

05 用Touch（WG4■）号暖灰色强调船体的空间效果，水面用Touch（51■、183 ）号深蓝色和浅蓝色表现，先画浅色后画深色。用my color2（62■）号墨蓝色和my color2（62■）号墨蓝色笔，及Touch（62■）号墨蓝色画第二遍玻璃的暗面，可以加强玻璃的层次感。

06 用蓝色色铅笔刻画天空，再用Touch（66■）号蓝色叠加在色铅笔上面，表现有层次的天空。

07 最后细致刻画，用Touch（83■）号紫色叠加在天空上，使画面色彩不单调。用Touch（120■）号黑色刻画第三遍玻璃的色彩，会使玻璃更有层次。再用Touch（120■）号黑色强调船只与水面的接触位置。用白笔刻画玻璃亮面上的高光。

完成效果

范例 2：渔船

画出主要结构

丰富线稿

01 徒手勾画出渔船的基本形象，注意船体的基本结构，线条保持流畅。

02 完善木船的细节表现，如果有小·的结构出现错误是没关系的，可以在着色阶段修改过来。

画船只底色

画出局部色彩

03 用Touch（97■）号黄色画出船体的基本色彩（船体的色彩可以根据所需要的色彩进行变化），船体用漂笔方法表现，用Touch（104■）号暖黄色表现渔船顶棚的明暗关系，亮部留白。

04 用Touch（43■、14■）号绿色与红色表现渔船上的物体，船上的小·物体可以用些鲜艳的色彩来表现。

浅蓝色表现水面

最终效果

05 水面用Touch（66■）号蓝色表现，用笔可以灵活些，用Touch（96■）号棕色加深船体的空间效果，用Touch（WG5■）号暖灰色表现人物与凉棚的暗面。

06 用Touch（51■、62■）号深绿色表现水体的层次，再用Touch（WG6■）号暖灰色刻画船体的明暗结构，船舱和船体吃水线处可以用Touch（120■）号黑色强调空间，局部小·细节可以用白色高光笔进行修改，如船板、轮胎等。

5.5.4 飞机表现技法

飞机在效果图表现中也时常出现，作为交通工具也是必学的一个内容。飞机的表现方法相对来说比较简单。

范例 1：小型客机

飞机线稿

第一遍着色

01 勾画出飞机的机身造型圆柱体，在圆柱体的基础上刻画机翼等结构，最后完成整架飞机的线稿。

完成效果

02 画出机身与底部的蓝色，用Touch（WG2███）号暖灰色画出机身的基本色彩，按照圆柱体的造型结构来表现。用Touch（76███）号浅蓝色画机身底部和玻璃的第一遍色彩，再用Touch（51███）号深蓝色画第二遍蓝色，这样色彩更加丰富。

03 用Touch（WG3███、WG5███）号暖灰色完成机身的局部深色的刻画，线稿不正确的地方可以用白色改掉。

范例 2：小型飞机

01 勾画出飞机的基本造型，注意机身与机翼的比例。

勾画飞机轮廓

画出飞机主要结构

细化线稿

02 刻画出飞机主要的结构，在表现时注意整体的效果，最后完成线稿的细部刻画工作。

画出玻璃的色彩

表现白色油漆

03 用Touch（62███）号深蓝色刻画机身底部色彩，用Touch（66███）号浅蓝色表现飞机的玻璃色彩，用Touch（WG4███）号暖灰色表现机翼下面的阴影。在上色时第一遍色彩都不要过深，这样可以给后面着色留有空间。

04 用Touch（62███）号深蓝色表现飞机的玻璃，飞机的侧面用Touch（WG2███）号暖灰色漂笔表现质感与光影，用浅蓝色表现机头上的颜色。

05　机身的底部可以用更深的蓝色Touch（62█）号或蓝灰Touch（BG9█）号表现，用蓝色铅笔表现飞机玻璃的光影关系。飞机底部用Touch（75█）号蓝紫色再画上一层色，这时色彩呈现出深蓝紫色的效果。在效果图中经常能用色彩叠加的方法去表现，最后用高光笔对飞机窗、玻璃、机翼等细小的结构进行细致刻画。

完成效果

范画

小木船

木质观光船

小型摩托车

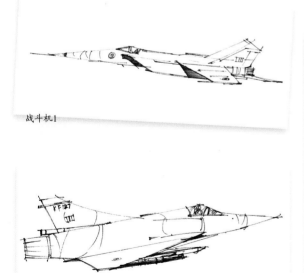

战斗机1

战斗机2

摩托车线稿
与着色

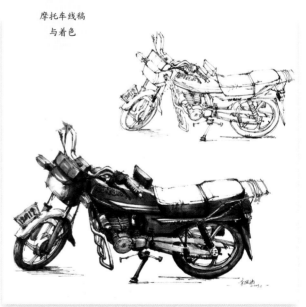

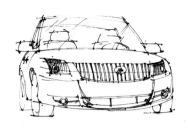

小型飞机

徒手勾画
汽车线稿

近景汽车
着色

远景汽车
着色

5.6 人物表现技法

　　人物在室外表现中常起到辅助的作用，景观中的人物起到标高的作用，同时也是重要的构景元素；室内小场景是可以不用人物的；建筑中人物则起到丰富画面指示说明的作用。所以在不同的画面中对人物的要求也不尽相同，在下面的手绘表现人物中着重讲解中景人物和远景人物的表现。

　　画图要养成两种正确的学习习惯：一种是用铅笔勾画出人物的基本结构，再进行人物局部的细致刻画，最后用墨线笔勾线笔画出人物来；另一种是在空白纸上直接用墨线笔画出人物的结构来。后者还是比较难把握的。

　　不提倡用硫酸纸或拷贝纸透图（或者是描图）画出人物，这样是不能起到练习画人物的作用，如果有的甲方需要透图或者是用软件处理，那就要另当别论了。

5.6.1 单人表现技法

范例1：人物线稿

人物的头肩关系

裙子与上身的关系

完成主要结构

完成人物线稿

01 沿着人物的蓝色重心线从头往下画，注意人物的左右对称。在学习的现阶段不用过于追求线条的美观，重点是放在形体的比例与身体动势的刻画上。

02 沿着重心线继续向下画裙子，在这步要注意上身与头部的比例、裙子与上半身的比例关系。

03 画出腿的长度和双腿的前后关系，注意腿脚的前后动势和整个身体的比例关系。

04 勾线阶段这步是比较简单的，只要画出裙子上的花纹图案就可以了，如果不想画图案也可以。

范例2：人物着色

先确定浅色上衣

再确定裤子的色彩

01 用Touch（185　）号浅蓝色画人物的上衣色彩，注意明暗变化，着色的笔法可以随意些。

02 用Touch（WG3■）号暖灰色画裤子的基本明暗与色彩，注意前腿主要是受光面（亮面），后腿是背光面（暗面），重点是要按照人物肢体的结构关系表现衣褶。

范例 3：人物背景

刻画衣服细节的明暗关系

最终完成效果

完成人物线稿

03 裤子的暗面用Touch（WG5▇）号深色暖灰色表现空间效果，上衣用Touch（BG3▇）号蓝灰色表现衣服的明暗关系。

04 用Touch（WG1▇、WG2▇）号暖灰色表现人物的肌肤，同样是按照人体肌肉骨骼结构的明暗关系着色。帽子和鞋子可以用些鲜艳的色彩来表现。

01 勾画出比较准确的人物形象，这里主要是人物的动势。

画上衣底色彩

裤子底色

反映人物的结构关系

完成效果

02 用Touch（185▇）号蓝色表现衬衫的蓝色，注意人物在提重物后背部的扭曲结构。

03 用Touch（BG5▇）号蓝灰色表现黑色裤子的底色，重点是腿部的结构关系与明暗关系。

04 用Touch（BG7▇、WG4▇）号分别表现两个包的色彩与明暗关系，也要注意留空白。

05 用Touch（BG7▇）号深蓝灰色表现出裤子的褶皱并反映出腿部的结构，用Touch（BG3▇）号浅蓝灰色表现衣服的结构，加深两个包的明暗关系。

5.6.2 双人表现技法

范例1：人物线稿

头、手和上身的动势关系

01 画出主要人物的动势和基本比例关系，线条流畅。

人物的整体动势关系

02 接着画出人物的腿部，重点是半蹲的关系（徒手画有时不是很准确，也希望初学者一定要坚持）。

小孩的结构比例关系

03 确定出小孩的高度，然后从头开始画起，然后再画小孩的上半身。

小孩与大人的关系

04 最后画出小孩的腿部与鞋子，在人物的暗面也可以画些暗部阴影。

范例2：双人体着色

人物的动势比例关系

01 勾画好线稿，两个人物的动势比例是难点。

第二遍着色

02 用Touch（BG2█）号蓝灰色先画出男人上衣的色彩，用Touch（100█）号暖黄色表现裤子的暗面，用Touch（WG2█）号暖灰色表现女士白色的衣服，重点是结构的明暗关系（在着色的过程中发现有比例或结构的错误时，要及时纠正过来）。

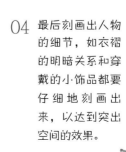

定人物基色

03 用Touch（WG1█）号暖灰色表现人物四肢和头部的明暗关系，用Touch（104█）号暖黄色画出男士裤子的亮部色彩。

刻画人物细节

04 最后刻画出人物的细节，如衣褶的明暗关系和穿戴的小饰品都要仔细地刻画出来，以达到突出空间的效果。

5.6.3 多人表现技法

范例 1：三人组合表现

定人物的上半身的比例关系

01 这幅三人组合的练习稿是先从一个人的头部开始推着画的。在画头部时可以先确定整个人身体的基本高度和上半身的长度，然后再从头画起。画上半身时注意身体的高与宽的比例，肘部的位置。

腿脚与上身的关系

02 接着画出人物的腿部与鞋子，在画裤褶时，要注意褶皱的穿插疏密关系。

画出第二个人物

03 在第一个人物的后面画出第二个人。在画第二个人时，可以参照第一个人的比例来刻画，这样对比例的把握比较容易，线条自然流畅就好。

完成三人线稿

04 在前两个人的中间画出第三个人，比例可以参照前两个人的高度来画。

范例 2：人群的表现

人物的透视变化

01 人群的比例是比较好画的，你可以先画一条水平线，这条线就是视平线，然后把远近距离不同的人排列在上面就可以了（平视时人物头部始终处于同一水平线上），近处的人物刻画得略细致些，远处的人物可概括些。

02 远处人物的着色是比较简单的，由于是较远的人物颜色画单色就好，着色时最好在轮廓的边缘略微留点空白，这样看起来有空间感。

人物着色

着色人物

人物线稿

人物线稿1

人物线稿2

人物头像
线稿

俯视人物

块面表现人
物头像

人物写生
动势

第6章

马克笔表现建筑细部与结构单体

6.1.1 建筑传统窗户表现技法

范例：传统窗户

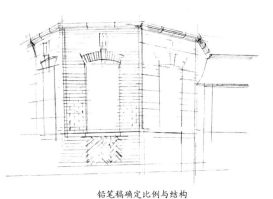

铅笔稿确定比例与结构

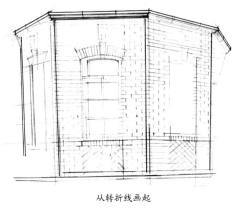

从转折线画起

01　首先用铅笔确定出窗户的基本结构，难点是比例与透视。

02　用0.2型号针管笔画窗户主要结构的转折线，也是形体的转折线。

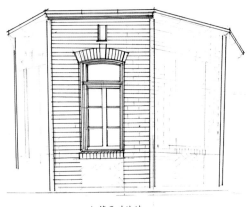

细笔画砖块墙

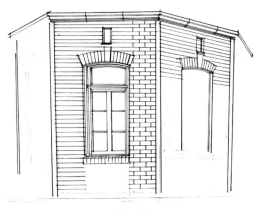

确定砖块

03　画好重要的结构线后再用0.1型号或0.05型号针管笔表现砖块。这样在线稿阶段会形成一定的空间层次效果。

04　表现砖块时砖块与砖块的比例是重点，同时兼顾砖墙的整体效果（画图时要保持整体推进的作图习惯）。

砖块的透视变化

05　注意正面砖块与侧面砖块的透视变化与比例。

刻画细节

完成线稿

06 完成线稿的整体效果，要求线条清晰准确。

色粉着色

均匀涂抹色粉

07 用砖色色粉表现墙面的基本色相（色粉块用小刀刮下色粉粉末，然后涂抹在砖块的范围内），用面巾纸擦在纸面上（色粉的颜色不必很精准，偏红偏黄都可以）。

马克笔第一遍着色

砖块的表现

08 正面用Touch（97■）号棕色色彩横向横排笔画成，运笔时注意不要画在线稿外面。左侧面用Touch（96■）号棕色纵向运笔表现，运用这两个颜色表现建筑的明暗关系。右侧面不着马克笔颜色，保留色粉的本来色彩。

09 用Touch（96■、97■、95■）号棕色系颜色表现深色砖，深色砖的分布不能画得太多（多了深色的砖会影响画面明度）。右侧面的深色砖用色铅笔画，这样会更好地控制深色砖的明度。

暗面着色

植物着色

10 用Touch（96█）号棕色表现正面的投影部分，这个地方的阴影部分不能画得过暗，否则会影响整个空间，而左侧暗面深色砖块则要暗些。

11 用Touch（51█、42█、43█）表现远处的植物（植物的色彩起到陪衬主体和丰富画面的作用），近处的树木用Touch（59█）号浅绿色绘制，用笔方法采用平涂表现，与后面的植物形成空间对比。

玻璃底色表现

玻璃反光与投影

12 玻璃颜色用Touch（183█）号浅蓝色表现，投影部分的深色用Touch（62█）号深蓝色表现，均采用横排笔的方法表现。天空用Touch（BG3█、75█）号蓝灰色与蓝紫色表现，这个颜色的明度与纯度都起到陪衬主体的作用。

13 在这步骤中用Touch（62█）号绿色表现玻璃的反光和窗框的投影部分，斜排笔表现玻璃的反光。

14 最后用Touch（120█）号黑色表现玻璃的质感，用Touch（WG5█）号暖灰色横画线表现地面，近处的草丛用Touch（47█、48█）号浅绿色表现与后面的草丛形成对比。

完成最终效果

6.1.2 建筑现代窗户表现技法

范例：落地窗表现技法

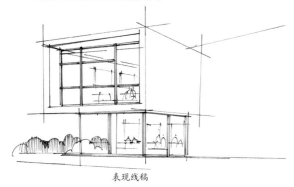

表现线稿

01　用墨线笔勾画出窗子的基本结构图。

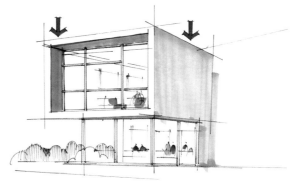

定明暗关系

02　用Touch（WG2■）号暖灰色从上向下的排笔方式表现墙体的暗面，运笔笔触要均匀平整，室内家具与人物均可采用鲜艳的色彩来表现。

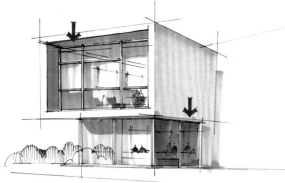

玻璃的基本色彩

03　用Touch（185■）号浅蓝色画玻璃的第一遍色彩，采用纵向排线的方式表现。再用Touch（66■）号蓝色画第二遍玻璃颜色，注意建筑投在玻璃上的投影变化。

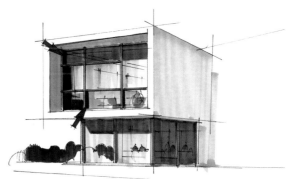

强调玻璃的暗面

04　用Touch（62■）号深蓝色表现投影下的玻璃，强调玻璃的空间效果。

用黑色强调玻璃质感

05　用Touch（120■）号黑色强调玻璃与窗框的衔接处，凸显整体空间效果。

透过玻璃看建筑内部

表现多层玻璃与柱子

6.2 建筑入口表现技法

6.2.1 传统建筑入口表现技法

建筑入口表现的难点在于景深的空间比较小，反映空间透视变化比较难。

范例：折中主义建筑入口单色表现

线稿表现完整

定色调

01 先用铅笔确定入口的基本结构与细节，再用墨线笔和尺规完成建筑入口的线稿，为着色确定好结构的位置。

02 用Touch（WG1　、WG2　）号暖灰色表现建筑入口的基本空间结构，可以画两遍WG2　号暖灰色在暗面，起到加深明度强调空间的效果。

强调空间

强调玻璃的暗面

03 用Touch（WG3█）号暖灰色加深暗面强调建筑入口的空间效果，注意建筑入口的空间层次感。

04 用Touch（WG5█）号暖灰色强调建筑的暗面，但不是每个暗面都加深。最后用Touch（120█）号黑色表现铸铁栏杆。

6.2.2 现代建筑入口表现技法

范例1：现代建筑入口

确定墨线稿

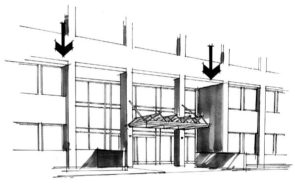

定建筑色彩与明暗关系

02 第一遍着色，用Touch（97█）号棕色画出建筑的暗面，用Touch（185 ）号浅蓝色画出玻璃雨棚的色彩。

01 采用铅笔起稿，针管笔画墨线稿完成。重点是比例、透视。在这一步骤中没有表现砖块，不过也可以在画线稿时表现建筑纹理。

03 用砖色█色粉表现砖墙的亮面色彩（色粉的表现方法前面章节已经介绍过），这样可以更好地控制建筑物的亮面色彩。

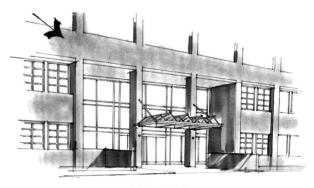

色粉表现建筑亮面

色粉表现玻璃色彩

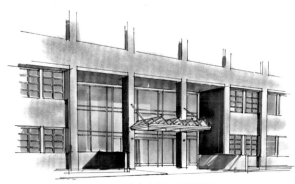

定建筑在玻璃上的投影关系

04 再用蓝色■色粉表现大面积玻璃的色彩，色粉画出的地方可以用橡皮擦掉（色粉的表现方法同上）。

05 用Touch（183■）号浅蓝色画玻璃上的建筑投影，用Touch（96■）号棕色画建筑的暗面，加强建筑体量感和空间感。

强调明暗关系

06 用Touch（76■）号蓝色第二遍强调玻璃上的建筑投影。［如果76■号这个蓝色较浅，可以用（BG）蓝灰加重这部分］和窗户框上的投影。

画建筑立面纹理

07 画出建筑立面的纹理——砖块，可以先画出一小部分砖块，观察砖块的比例是否符合整体建筑的比例，然后再画整面墙砖块。

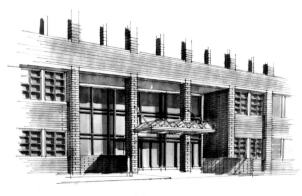

完善建筑立面纹理

完成建筑立面的纹理

08 逐步完成整体建筑立面纹理的表现，注意砖块的透视变化与比例。

表现建筑亮面笔触

09　用Touch（97█）号棕色表现建筑入口亮面的色彩变化，注意亮面笔触的变化（在画亮面的笔触时可以在练习纸上多画几遍，熟练之后再画避免画错，否则会影响画面效果），用Touch（76█）号蓝色强调雨篷上玻璃的效果。

砖块的色彩变化

10　用Touch（62█）号墨蓝色表现玻璃上的深色投影，画深色可突出空间效果和玻璃质感，用Touch（96█、99█、95█）色彩表现深浅变化的纹理——砖块。

强调建筑空间效果

丰富画面

11　用黑色做最后的处理，用Touch（120█）号黑色强调窗框在玻璃上反射与投影部分的刻画，黑色可以起到强化空间的作用。

12　雨棚玻璃暗面用Touch（62█）号墨蓝色表现，地面用Touch（WG2█、WG5█）号棕色表现。

范例2：铅笔表现建筑入口

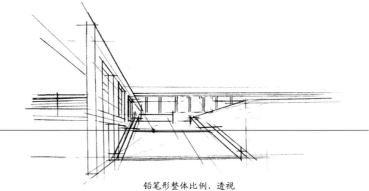

01 确定灭点与视平线，首先定出楼梯、左墙、右墙这三大块的比例和透视。

铅笔形整体比例、透视

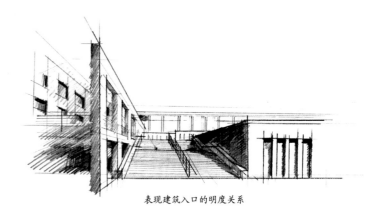

刻画建筑入口细节

02 在上一步骤的基础上细化建筑物的细部结构，楼梯、墙体等透视变化。

03 刻画建筑物的明暗关系，用铅笔排线，注意笔触的方向（最好是朝一个方向运笔，这样看起来会统一），同时也强调了建筑的空间效果。

表现建筑入口的明度关系

04 按素描关系来强调建筑空间效果，天空用粗略的大笔触画出层次，与精细准确的主体建筑物形成对比。

整体处理

6.3.1 石台阶表现技法

石台阶是建筑、景观中常用到的元素，表现方法也很多，下面主要采用马克笔表现。

范例：台阶

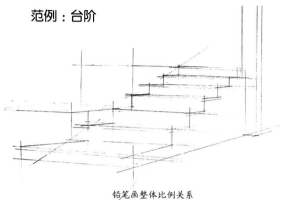

铅笔画整体比例关系

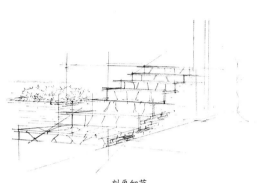

刻画细节

01 用铅笔画出台阶的透视、比例、结构，铅笔稿最好画得准确些，这样会给画墨线稿带来方便。如果铅笔稿没画准确，可以在墨线稿阶段进行调整。

02 铅笔稿刻画台阶的细部石块。铅笔稿阶段有些细部可以简单画（自己知道就可以），这样会节约时间。

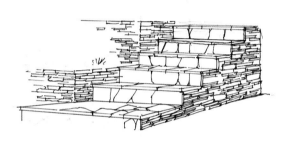

刻画墨线稿

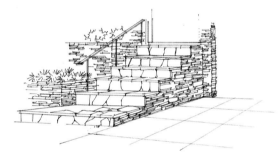

完成墨线稿

03 用针管笔勾画墨线稿，先画出台阶的主体结构，透视不正确的地方可以在这阶段进行调整。

04 完成石台阶的墨线稿，刻画墨线稿要认真，画错了不能修改，否则会影响整体效果。

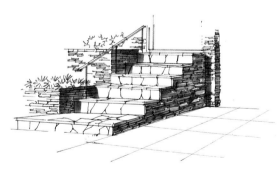

定色相与明暗关系

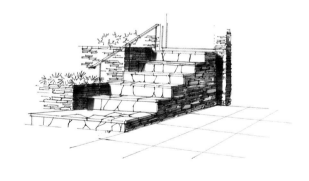

丰富暗面色彩

05 定出明暗关系，用Touch（97■）号棕色表现台阶的暗面。

06 用Touch（96■）号棕色继续刻画暗面，使暗面的石材色彩丰富。

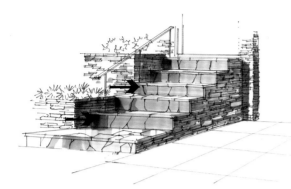

亮面着色

07 用Touch（97█）号棕色采用快速漂笔的画法画台阶的亮面（注意运笔要快速，不能画到外面去）。

08 Touch（104█、97█）号棕色表现台阶亮面的光感笔触，注意运笔笔触的变化。用Touch（BG3█）号蓝灰色画地面颜色，横排笔触表现。

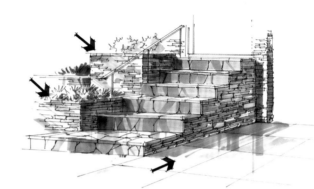

亮面笔触效果

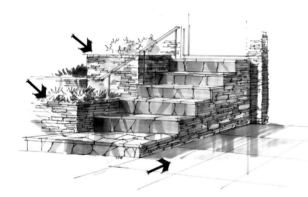

细节调整

09 用Touch（95█）号棕色画第三遍暗面，主要是石块之间的缝隙。植物用Touch（48█、47█）号浅绿色表现，增强画面效果。

最终完成效果

10 最后一步用高光笔表现台阶上的光影效果，个别地方的石块用更深的色彩刻画，重色不能过多，否则会影响画面明度。

6.3.2 玻璃楼梯表现技法

玻璃楼梯是建筑空间中重要的组成部分，也是表现的难点之一，下面介绍玻璃楼梯的表现步骤。

范例：表现玻璃楼梯

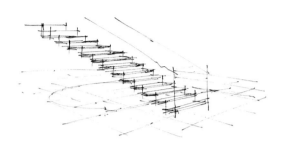

勾画出主要结构

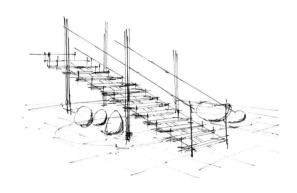

丰富线稿

01 画出台阶的基本构造，包括每步台阶的宽度、高度和扶手的高度。在表现较大的空间时台阶的步数就可以不用表现得这样准确，台阶与地面的关系要表现清楚。

02 画出玻璃楼梯的整体结构和楼梯周围的环境，线条要求流畅准确（徒手表现是比较辛苦的表现方式，在初学阶段要画很多遍才能画好）。

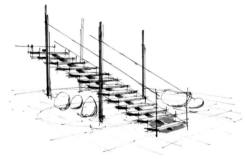

确定光源

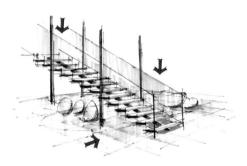

楼梯的基本色彩

03 用Touch（BG5■）号蓝灰色表现金属立柱的暗面，用Touch（WG5■）号暖灰色表现台阶的暗面。

04 用Touch（66■）号浅蓝色纵向排笔画玻璃扶手的颜色，注意排笔时的疏密变化。用Touch（BG2■）号蓝灰色表现冷色的地面。

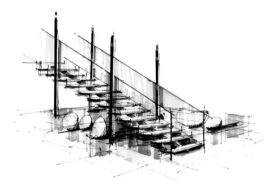

强调色彩关系

05 用Touch（BG4■、BG5■）号蓝灰色加深地面，再用Touch（62■）号深蓝色强调玻璃的色彩层次（重点是笔触的编排）。

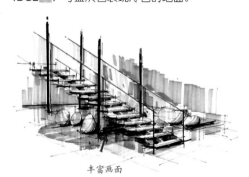

丰富画面

06 表现楼梯周围的环境色，用Touch（WG2■）号暖灰色表现楼梯踏步的亮面，Touch（WG3■）号暖灰色表现背景墙面色。用Touch（120■）号黑色刻画楼梯的投影部分，起强调空间的作用，这样会让画面变得更"响亮"（初学者不敢用黑色，怕用黑色把画面画坏，但是没有黑色画面则成灰色）。

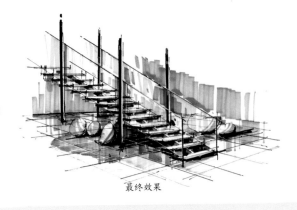

07　最后画面调整，用高光笔画白边，强调空间效果。

最终效果

6.4　建筑构造表现技法

6.4.1　夜景遮阳伞表现技法

用有色纸表现效果图的一大优点是，可以统一画面色调。在表现夜景时也多采用有色纸。

范例：有色纸表现遮阳伞

确定构图与基本结构

01　用紫色的有色纸作为表现夜景的背景色，再用深紫色色铅笔勾画出遮阳伞的基本结构，透视、比例要尽量准确。

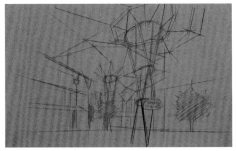

刻画细节结构

02　细化遮阳伞结构，这时画错了也没关系，因为在后面可以再次强调结构，也可以用橡皮擦掉。

强调遮阳伞结构

03　用黑色色铅笔强调遮阳伞的结构，同时突出主体结构。

表现遮阳伞受光面

04　用白色铅笔表现被灯光照亮的薄膜，色铅笔运笔可以沿着形体结构的走向表现。

刻画天空

05　用黑色表现天空，用橘色表现灯光色彩，用白色表现窗子里透出的灯光。

丰富环境色

遮阳伞的夜景效果

06 表现场景中环境的色彩，植物、窗户和地面的效果。

07 添加人物丰富画面，最后对细节稍加刻画。

6.4.2 长廊表现技法

表现长廊难点是着色和选择适当的角度，弧形长廊的表现比较难，下面介绍弧形长廊的表现过程。

范例：弧形长廊

铅笔定整体结构

墨线稿明确结构透视

01 铅笔画好整体的结构，重点是透视与比例，长廊近景与中景的结构要画出来，远处长廊的结构可以略画。

02 用针管笔画出长廊的墨线稿，顺便也画出周围的环境。

第一遍着色

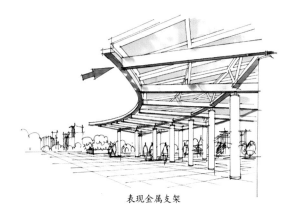

表现金属支架

03 用Touch（183　）号浅蓝色画玻璃的色彩，表现近处玻璃时要留有空隙，远处玻璃可以采用满画的方法表现。

04 用Touch（BG3　）号蓝灰色表现金属支架的暗面，以及红色圆柱在金属支架上的投影也要画出来。

表现红色圆柱框架和地面

丰富环境色

05 用Touch（15■）号红色表现圆形框架，注意要留出空白表示高光。用Touch（WG2■）号暖灰色画地面拼花，运笔随形排线。

06 用Touch（WG3■）号暖灰色表现长廊柱体，廊架的投影也要表现出来。用Touch（47■、43■、42■、51■）号绿色按照近暖远冷的色彩规律表现出周围的植物。

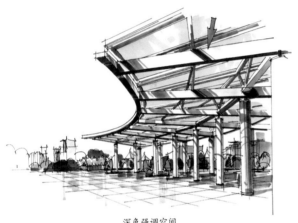

深色强调空间

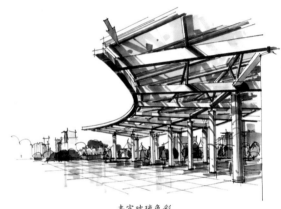

丰富玻璃色彩

07 用Touch（BG6■）号蓝灰色强调金属支架的暗面和光影效果。人物用鲜艳的色彩表现，同时也丰富了画面色彩。

08 用Touch（62■）号深蓝色对玻璃进行深入刻画，强调玻璃的空间效果与质感。

09 最后用Touch（120■）号黑色强调画面效果。黑色画在转角处和投影处但不能画得过多。天空用蓝色铅笔和Touch（185　）号浅蓝色表现。

黑色强调空间

6.4.3 建筑过渡空间表现技法

建筑周围的连廊是室外与室内的过渡空间，常常在建筑设计中出现，表现方法与长廊的表现方法相类似。

范例1：连廊1

01 铅笔画出连廊的基本结构，重点是透视、比例。

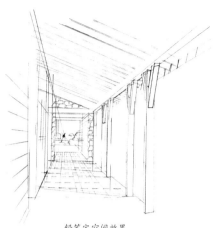

铅笔定空间效果

墨线稿和第一遍着色

02 针管笔画好墨线稿，用Touch（104■）号黄色画木质连廊的第一遍色彩，采用平铺的笔法表现。

顶棚加深色彩

03 用Touch（99■）号棕色画第二遍暗面较深的顶棚和左面墙，远处的石墙用Touch（WG2■）号暖灰色表现。

强调空间效果

04 用Touch（99■）号棕色表现立柱的投影，再用Touch（WG6■）号深色暖灰色表现第三遍暗面，强调空间效果。

最终完成效果

05 最后一步是调整阶段，对建筑体的细节进行细致刻画，以及墙面木板和地板的缝隙等。

范例 2：连廊 2

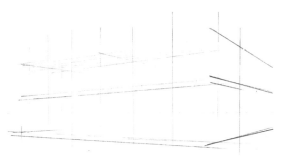

定空间位置

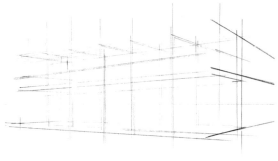

细化结构

01　铅笔确定基本比例与透视。

02　铅笔刻画连廊的基本结构与细节。

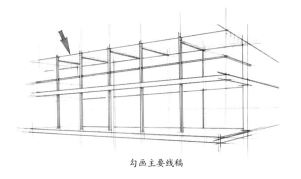

勾画主要线稿

03　用针管笔刻画主要结构，边画墨线稿边擦掉铅笔线稿（这个过程要同时进行）。

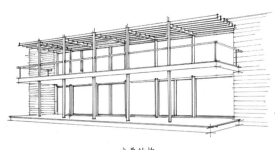

主要结构　　　　　　　　　　完成墨线稿

04　完成主体墨线稿（线与线的交叉要出线头，这样形体会有延伸的效果）。

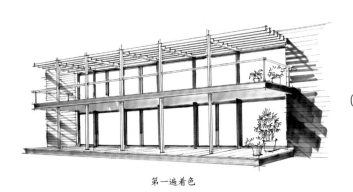

第一遍着色

05　用Touch（101 ）号棕色表现木质门窗，亮面的木质用Touch（104 ）号黄色表现。墙面的光影与投影用（WG3 ）号暖灰色表现（画颜色时色彩不要超出墨线稿，否则会影响画面效果）。

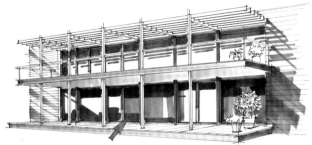

玻璃第一遍着色

06 用Touch（62■）号深蓝色画投影下的玻璃，用Touch（66■）号浅蓝色表现亮面玻璃的基本色彩。连廊的顶棚用Touch（WG2■）号暖灰色表现。

07 用Touch（BG6■、BG7■）号蓝灰色刻画投在玻璃上的阴影部分，防腐木的地面用Touch（42■）号绿色快速漂笔画成。连廊顶棚用Touch（WG3■）号暖灰色画出笔触感，这样看起来更有质感。

第二遍着色、强化空间效果

强调玻璃效果

08 用Touch（120■）号黑色表现玻璃的反光和投在玻璃上的影子，添加远处的植物和天空色彩。

09 最后刻画细节，栏杆和廊架的结构。栏杆这样的细线要在最后画，最好是一遍完成。近景花盆的刻画同圆柱体的刻画方法都是一样的。

刻画细节

最终完成效果

10 表现草地，丰富天空色彩（天空色彩可以画成蓝色也可以画成蓝紫色）。

6.4.4 建筑内部空间表现技法

内部空间设计是建筑设计的重要组成部分。内部空间的透视、比例与结构是难点，在着色阶段要把握好空间的层次，反衬效果也是表现室内空间的一种手法（即在空间中如果前面物体颜色浅后面颜色就要深，色彩是近暖远冷的变化规律）。

范例1：办公楼大厅

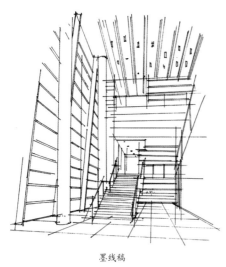

墨线稿

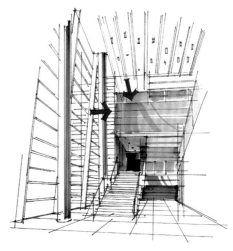

第一遍定色调

01 这个是用针管笔和直尺直接勾画成的线稿，墨线稿的做图次序和铅笔稿的做图次序相同，都是先画主要的结构再画次要的结构，从整体到局部再到整体，层层深入推进的画图方法。如果画错了几根线也不要太在意，当整幅图画好后几根错线融到画面中就不容易看出来了，但如果错的太多最好重画。

02 用Touch（WG2██）号暖灰色画墙体和柱体的暗面。用Touch（104██）号黄色画木质色彩，第一遍是横向漂笔画完，第二遍是纵向"Z"字形运笔完成（如箭头所示）。玻璃颜色用Touch（185██）号浅蓝色平涂画完。

画第二遍色彩

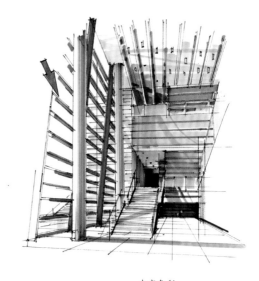

丰富色彩

03 远处木质颜色用Touch（100██）号黄色横排笔表现，结构线可以留白。远处的顶棚和墙体用Touch（WG3██、WG5██）号暖灰色表现景深。

04 用Touch（WG2██、WG4██）号暖灰色表现墙体层次和投影部分。上面的金属框架用Touch（BG5██）号蓝灰色表现第一遍色彩。

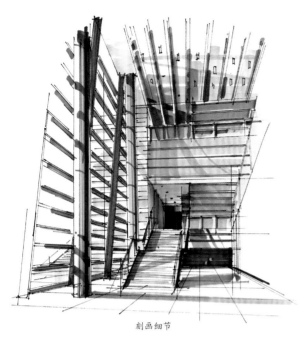

刻画细节

05 强调空间小·结构关系，楼梯扶手的结构，
金属框架投影在圆柱体上的阴影等。

06 用Touch（120■）号黑色刻画金属框
架的暗面，以及远处墙面的深色。

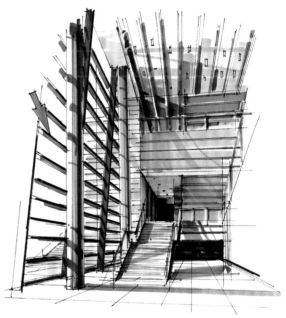

用黑色强调细节

完成效果

07 最后调整细节和地面拼花，
投影部分可以重点表现下，
使空间感更加强烈。

范例 2：徒手表现内部空间

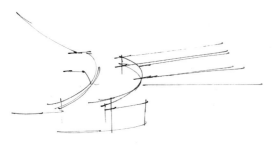

画出重点结构

01 徒手表现空间，首先画空间中最主要的形体，
线条要求准确流畅。

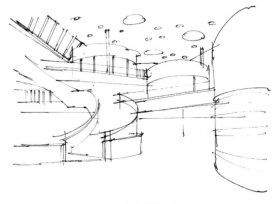

画出基本空间结构

02 画出空间中的基本结构关系，要求透视、比例都准确。

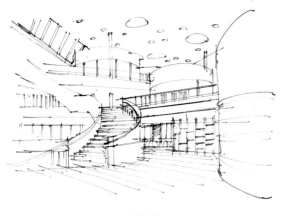

明确结构

03 线稿丰富画面细节，线稿不要把画面画得过黑。效
果图最重要的是结构，能把结构画清楚就好。

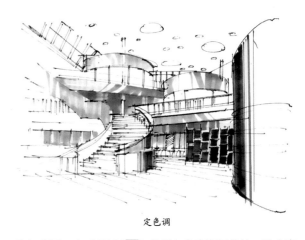

定色调

04 用Touch（WG2 ）号暖灰色表现圆柱体，整个空
间的基本型是以圆柱体为主。

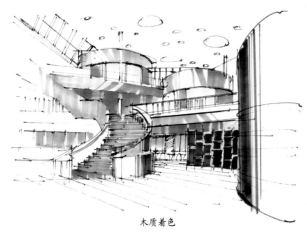

木质着色

05 用Touch（104 ）号黄色表现木质楼梯等木质
结构，玻璃用Touch（185 ）号浅蓝色表现。

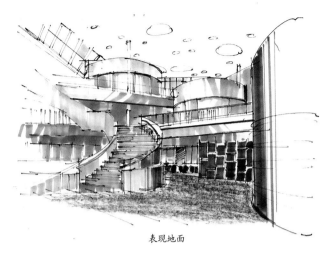

表现地面

06 地面用色粉表现（也可以用马克笔直接画出地面的色彩）为地面画上一遍基色。用Touch（75█）号蓝紫色表现远处的玻璃，为了与近处的玻璃产生空间变化。

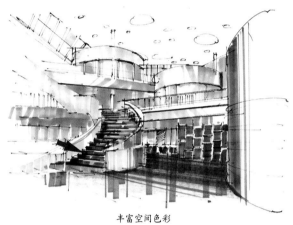

丰富空间色彩

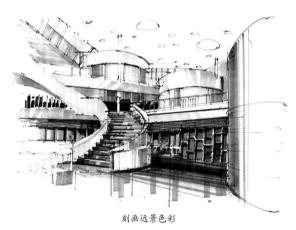

刻画远景色彩

07 加深楼梯和地面的色彩。用Touch（100█）号棕色表现楼梯的空间效果，用Touch（WG3█、WG5█）号暖灰色表现地面的空间层次渐变。

08 加深远处墙面色彩，反映空间结构增强空间效果。

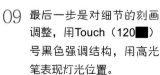

09 最后一步是对细节的刻画调整，用Touch（120█）号黑色强调结构，用高光笔表现灯光位置。

最终完成效果

6.4.5 建筑小别墅表现技法

范例：色铅笔与马克笔结合表现小别墅

定基本结构

墨线线稿画出主体

01 用铅笔刻画出别墅的基本结构关系，近景植物与远景植物反映别墅的基本环境。

02 用针管笔细致的表现别墅的结构，层层细化逐步深入（在画图之前一定要把结构研究清楚，这样画图才会快）。

完成墨线稿

03 完成墨线稿，细致表现别墅的环境，形成近景、中景和远景的层次变化。

色铅笔定色调

表现植物色彩

04 用色铅笔表现别墅的基本明暗关系与色彩变化，色铅笔运笔方法按照一个方向刻画（如箭头所示）。

05 用色铅笔完成植物的基本颜色，色彩可以丰富些（要在同一明度内变化或者是在同一色相中变化）。

06 用深色色铅笔完成别墅暗面的表现，蓝色表现天空
（天空多余的部分可以用橡皮擦掉，擦不干净也没关
系，反而可以丰富画面）。

马克笔画暗面

07 用Touch（BG4■、WG3■）号灰色表现别墅的暗面
与投影部分。

最终效果

丰富空间色彩

马克笔丰富色彩

08 用Touch（WG2■）号暖灰色表现别墅亮面的光
感，用Touch（WG5■、BG6■）号灰色画第二
遍别墅暗面，起到强调空间的效果。

09 用Touch（BG9■、120■）号深色
和黑色强调别墅的结构与光影效果，
以增强别墅的视觉效果。

范画

建筑内部空间

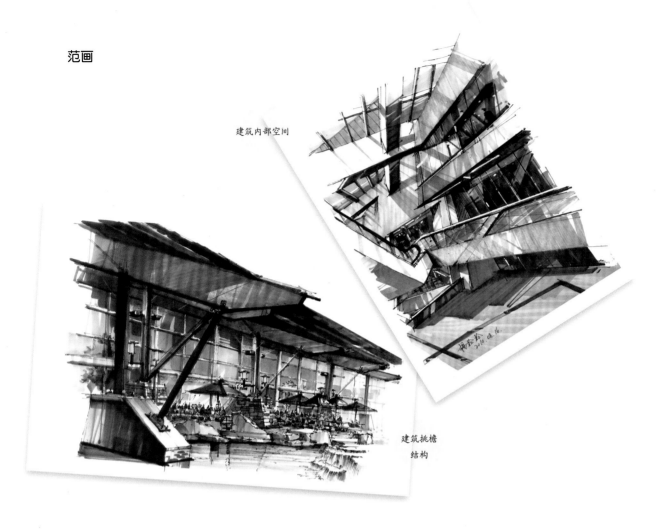

建筑挑檐
结构

建筑体块的
穿插

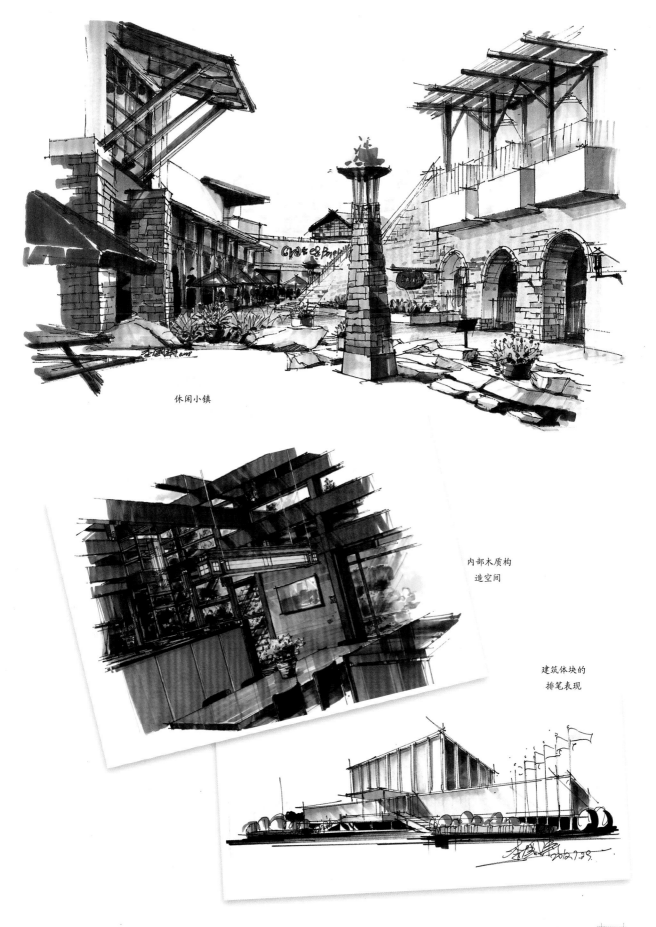

休闲小镇

内部木质构
造空间

建筑体块的
排笔表现

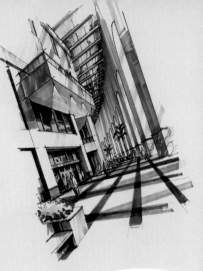

第7章
室内设计综合表现技法

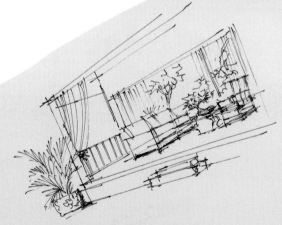

7.1 客厅空间设计表现

　　表现一张完整的效果图时，要注意画面的整体主次关系。不单单是某个家居的透视、比例、结构，而是家具与家具，家具与整体空间之间的协调关系。下面举例讲解画面整体的表现方法，画面的主次关系与对比关系。

范例 1：小户型客厅

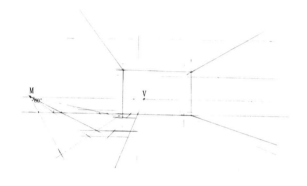

定空间尺寸

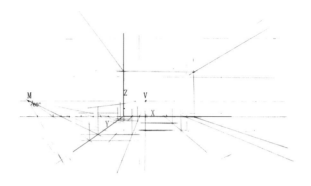

定家具尺寸

01　首先定好客厅的长宽高（5500×4500×3000）（这样整数尺寸的比例适合初学者），按照1∶200的比例画出画面的整体比例。
　　再画出视平线（视平线选择在画面下1/3的位置左右），任选一点作为灭点（灭点不要选在正中间）。灭点选定在靠近画面的左侧（在一点透视图中灭点靠近哪侧，测点就定在哪侧），然后使用三角板的60°角找到侧点（M）（在前面介绍过利用60°三角板画出测点M）。

02　画出客厅的平面透视图（是家具在地面上正投影的位置），图中用x、y、z坐标轴表示客厅的空间位置。在x轴上测量出沙发、茶几、电视柜的宽度；在y轴上（在基线上测量）测量出沙发、沙发桌、茶几、电视柜的长度；在z轴上（家具的高度最好在Z轴上测量）测量出家具的高度。

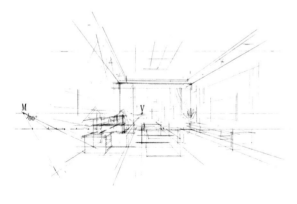

概括成长方体到具体形象

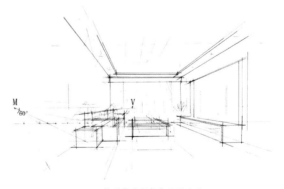

按照家具形象勾画墨线稿

03　按照坐标轴上的尺寸画出家具的空间位置，先把家具概括成长方体，在长方体中刻画出家具的具体形象（在前面的章节讲过此种表现方法）。顶棚的位置也是通过x轴、z轴得来，表现出顶棚的具体位置。

04　用针管笔勾勒客厅墨线稿，勾画墨线稿的过程，同样是按照铅笔画图的步骤画起（从整体到局部再到整体的画图过程），再逐步表现出客厅、家具的局部细节。

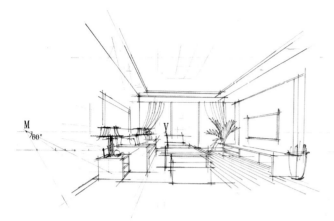

具体刻画

05 在勾画墨线稿的过程中，逐渐擦掉铅笔线稿。逐渐丰富画面细节，如台灯、花卉、窗帘等。

06 最后完成客厅效果图的线稿。

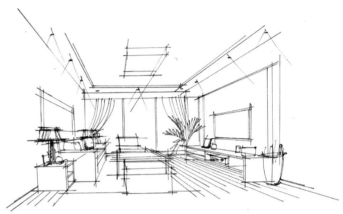

完成线稿

定出色调

07 用Touch（WG2█）号暖灰色表现客厅白墙与顶棚，笔触是"Z"字形排笔表现（前面章节已经讲过怎样表现墙体、顶棚、地面）。木质家具用Touch（97█）号黄色表现。

08 用Touch（97█）号黄色表现地板色彩，木质家具用Touch（100█）号黄色再画一遍，使色彩更加丰富以区分地板。

表现地板

完善装饰品色彩

09 地毯用Touch（42██）号绿色表现（为了与环境有所区分），植物用Touch（47██）号浅绿色表现。用Touch（84██）号紫色向下漂笔表现窗帘，用Touch（185 ）号浅蓝色表现玻璃的基本色彩。

10 用Touch（183██）号蓝色表现电视屏幕，桌面的装饰物用鲜艳的色彩表现。

第二遍色彩

整体调整色彩

11 丰富画面色彩与明暗关系，重点是表现地面反光与玻璃，用Touch（97██）号黄色从桌腿下纵向画出，表现光滑的地板。用Touch（62██）号深蓝色表现出玻璃的层次。

12 最后加强空间的层次效果，用Touch（120██）号黑色刻画家具与地面相接处的位置，使画面更有层次。最后用白色高光笔画出地板的高光。

画黑色和白色

范例2：小别墅客厅

这幅小别墅客厅效果图的表现方法与步骤同上幅图的相同，但是是用针管笔直接勾画出线稿。

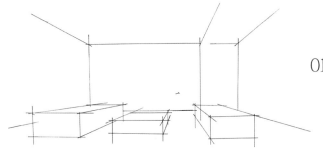

概括成几何形体

01 用针管笔直接刻画出客厅中沙发、茶几的空间位置（用长方体表示）。同范例1效果图的画图方法步骤相同。

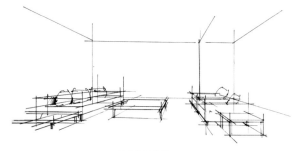

刻画家具结构

02 在长方体的基础上刻画出沙发、茶几的具体结构，这时画面的线条比较乱，不要在意画面中的乱线，因为在着色的时候会遮盖部分线条。

表现完整的客厅

03 接着刻画客厅里面的窗子、窗帘、装饰物和透过玻璃看到的远处景物。

04 用Touch（WG3█）号暖灰色表现左侧沙发的明暗关系（如果是白色的家具也是用暖灰色表现），右侧的沙发用Touch（42█）号绿色表现，远处两把椅子用Touch（97█）号黄色表现，这样把家具的色彩与明暗关系基本确定下来。

定家具色彩

05 用Touch（99■）号棕色表现近
处沙发边柜和茶几腿的色彩。客
厅地面用Touch（WG2■）号暖
灰色横排笔表现。

完善家具色彩

06 用Touch（100■）号黄色画在左侧的沙
发上（这样沙发就不是白色的而是有颜色
的），再用Touch（WG5■）号暖灰色表
现沙发的暗面，这样左侧的沙发就有更加
强烈的空间效果了。用Touch（WG2■）
号暖灰色表现白色的顶棚和墙面。窗帘的
第一遍用Touch（WG2■）号暖灰色表
现，第二遍用Touch（WG3■）号暖灰
色刻画窗帘的深色和图案。同时用Touch
（WG3■、WG5■）号暖灰色表现沙发
茶几下面的投影色彩。用Touch（99■）
号棕色刻画窗框。这样整体画面色彩基本
都表现完成。

表现白色客厅

完成效果

07 最后一步是表现远处的植物和天空，还有强调家具的暗面与投影部分。用Touch（43■、42■、51■、62■）号
低明度低纯度绿色表现远处的植物，采用纵向运笔方法表现植物。天空用Touch（185　、183■、75■）号蓝色
表现，蓝紫色画在与植物衔接的位置，浅蓝色画在蓝紫色的上方，这样会形成空间层次感。局部细节刻画要在整
体画面的基础上，适当增加深色。

范例3：洽谈区

这是一个洽谈区的设计效果，同客厅家具的表现方法是相同的，不同的是空间及家具摆放的位置。

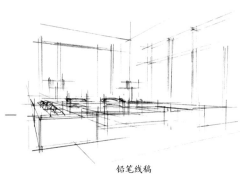

铅笔线稿

01 铅笔勾线稿，用铅笔表现出空间准确的透视、比例、结构。同样是把家具概括成长方体，在长方体中刻画出家具的具体结构。

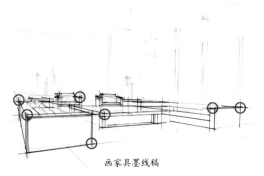

画家具墨线稿

02 用针管笔勾画出家具的墨线稿，也是按照家具的具体形象来刻画。在铅笔稿的基础上描画墨线稿（相对徒手画墨线稿要简单得多），注意垂直直线不要画歪了，线与线之间要有交叉（交叉线是一种形式美）。

完善线稿

03 接着画沙发上的抱枕和茶几上的装饰物，在运笔刻画时注意线条要流畅自然。墙体与窗子的线稿按照铅笔线稿画出来就可以。

完成线稿

04 最后擦掉铅笔线稿，整个线稿要保持干净明快的画面效果。

定沙发色彩

05 用Touch（104■）号黄色表现沙发的基本色彩，宽面纵向运笔表现，窄面横向运笔，色彩不要画在线稿的外面。
选择（104■）号黄色是根据整体画面效果决定的，因整幅画面效果呈现出黄绿色调，所以才选择这个色彩。在画色彩之前要想好画面最终是什么色调，选择什么颜色，这样才能做到完美。

定家具的基本色彩

06 用Touch（104■）号黄色继续表现远处的沙发（接下来表现靠垫和茶几的色彩，这两个物体先画哪个都行，一般情况是选择较重要的物体开始画），再用Touch（99■）号棕色（表示木质的颜色）画茶几和沙发边柜，近处茶几的明暗关系和用笔技巧是关键。用Touch（WG3■）号暖灰色表现白色的沙发靠垫。

表现墙面色彩

07 效果图画到这步骤时就要开始画墙面了（前面也多次提到画图要整体推进，始终要保持画面的阶段性完整），用Touch（WG2■、WG3■）号暖灰色表现白墙，马克笔纵向运笔，注意运笔的笔触变化。墙面的装饰图案也是用暖灰色表现。笔触的渐变变化通常体现在色块的边缘或一侧如左右两面墙、近处沙发的侧面等。

丰富家具色彩

08 表现地毯的色彩，表现面积较大的地毯是比较困难的，因为色彩不好把握。

在画色彩之前要想好画面效果是什么色调，选择什么颜色，这样才能做到胸有成竹。茶几继续用Touch（99■）号棕色表现亮面（亮面色彩比较浅所以要快速表现），沙发的暗面用Touch（WG3■）号暖灰色强调沙发的明暗关系，台灯用Touch（41■）号黄色表现，装饰物用Touch（96■、43■）号棕色、绿色刻画。

刻画家具细节

09 用Touch（42■）号黄绿色横向排笔画地毯的第二遍色彩，现在地毯的色彩在画面中就比较协调了。再用Touch（43■、WG6■）号绿色、黑色丰富地毯的图案，同时要注意地毯在画面中的明度对比。窗框的色彩用Touch（GG3■）号绿灰色表现，玻璃色彩用Touch（185 ）号浅蓝色画第一遍。

丰富细节

10 用Touch（BG4■）号蓝灰色表现窗框的暗面色彩，墙角用Touch（WG7■）号深暖灰色刻画强调空间效果。用Touch（WG9■）号深暖灰色强调沙发和茶几的底边与投影，同样是强调空间效果。

11 用Touch（62■）号深蓝色表现玻璃的空间效果。到现在为止画面的整体与细节都已刻画完成，最后用Touch（120■）号黑色加深物体局部，如沙发的底边、茶几的底边等起到画龙点睛的作用。画面有黑色更显得"干净整洁"，但是黑色不能画得过多。

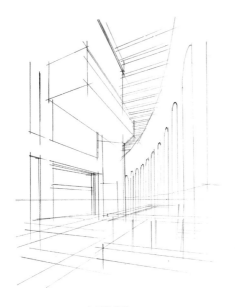

大厅铅笔稿

刻画墨线稿

01 用铅笔画出大厅空间的基本结构与透视，铅笔不要画得过重否则不好擦掉。铅笔稿可以很容易地修改图面，为以后的修改带来方便。

02 用针管笔勾画墨线稿，也是确定画面的结构、比例、透视。发现不正确的地方要及时修改。

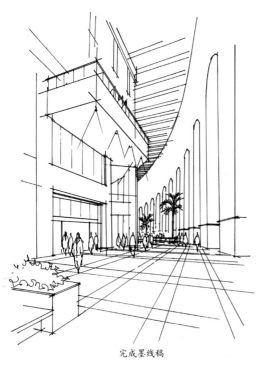

完成墨线稿

定空间的色调

03 完成整幅图的墨线稿，表现结构的同时还要注意画面整体效果。

04 为空间着色，先表现大面积色彩如墙面、玻璃。用Touch（WG2 ）号暖灰色表现墙面，灯光的地方可以留白。用Touch（185 ）号浅蓝色表现玻璃的底色。

丰富空间色彩

丰富空间细节

05 用Touch（WG3█）号暖灰色加深墙面明度，用Touch（183█）号蓝色加深玻璃色彩。墙柱下面深色的位置用Touch（GG3█、GG5█）号绿灰色表现。人物用Touch（47█、14█、83█、43█）号鲜艳的色彩表现（色彩鲜艳的人物起到活跃画面的作用）。

06 用Touch（WG5█）号暖灰色刻画墙面局部的深色，暗面中的玻璃用Touch（62█）号深蓝色刻画，表现玻璃时注意笔触的留白。投在地面上的影子用Touch（BG3█）号蓝灰色表现，近处的休息椅用Touch（GG3█、GG5█）号绿灰色表现（注意笔触的编排），植物用Touch（47█）号绿色表现。

完善空间色彩

刻画玻璃

07 顶棚玻璃的色彩用Touch（185█）号浅蓝色表现，墙面色彩用Touch（WG3█、WG5█、WG6█）号暖灰色逐渐加深，注意墙面不要画的过深，否则就不是白墙了。

08 用Touch（62█、BG7█）号绿色加强玻璃的层次，远处植物和近处植物的暗面都用Touch（43█）号深绿色表现。

09　用Touch（BG8█）号蓝灰色加深玻璃色彩，室内的玻璃与室外的玻璃在表现方法上有很多相似的地方，都是表现通透的效果。

表现玻璃细节

高光笔表现玻璃结构

10　用Touch（BG6█）号蓝灰色表现地面上的拼花，顶棚上的玻璃用白色油性铅笔斜排线提白，让玻璃有透光的效果。白色高光笔表现玻璃的框架结构。

空间色彩加深

11　这时整体观察分析画面需不需要加深明度（深色可使画面"明快响亮"），加深墙面用Touch（WG4█、WG5█）号暖灰色表现，纵向排笔表现墙面。地面用Touch（BG6█）号蓝灰色再画一遍地面拼花，加深地面明度，使空间感增强。

12　最后一步是对画面局部调整，用Touch（BG9█、120█）号深色刻画结构的转折处，大理石墙柱用针管笔和白色提高光表现纹理。

最终效果

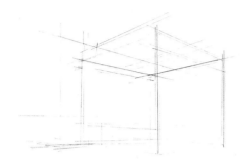

定空间基本结构

01 初学者还是用铅笔起稿，把要画的空间与物体概括成长方体（表现家具和空间一直采用这种方法，概括成长方体），这样可帮助你快速建立起空间。比例、透视、结构再细致刻画反复推敲，直到准确画出形体。

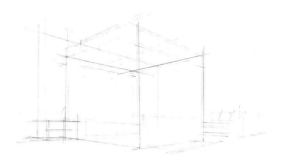

定形体基本结构

02 在方体的基础上刻画家具物体的具体结构，画线稿时可以沿着方体的透视线画出来，这样不容易画偏透视线。

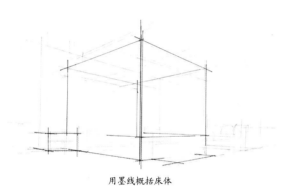

用墨线概括床体

03 用针管笔画出卧室中主要的家具——床和床头柜等，画墨线稿时也要求整体刻画。

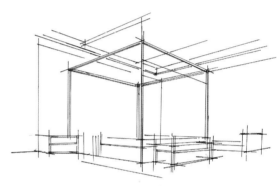

刻画家居的基本结构

04 在这阶段中，所有的形体都开始细致刻画（但是不要画得过细，会影响整体效果），要表现出形体的准确位置和基本结构关系。

完成线稿

05 逐渐完成整幅线稿，画面中的装饰物最好是徒手刻画，线条会生动些。

定画面色彩基调

06 表现形体的基本色彩，首先定整体家居的主色调。用Touch（97■、96■）色彩表现装饰墙面和床框架等。在表现装饰墙色彩时，注意要学会留空白，以表示延续的装饰面。

丰富物体色彩

墙面色彩表现

07 用Touch（96█）号黄色表现木质地板和木质床头柜等，地毯选用Touch（42█、43█、51█）号深绿色表示，沙发用Touch（99█）号棕色刻画，床上用品选用Touch（104█、75█、WG2█）号黄色、蓝色、灰色表现，整幅图的表现手法都是按照随形运笔的方式来表现（这也是着色的基本规律）。这时形体的明暗关系可以用同色系加深的方法表现。

08 用Touch（WG2█、WG3█、WG5█）号暖灰色表现墙面，先画浅色再画深色（马克笔的表现次序是由浅到深），同样是按照形体的结构着色——随形运笔。形体亮面笔触的编排要小心刻画，画坏了不好修改，因为马克笔是"加法"的画图方式，色彩只能是越画越深。

刻画玻璃色彩

刻画细节

09 形体的基本色彩都表现完成后就要对局部细致刻画了。用Touch（185█、183█、76█）号蓝色表现玻璃，用Touch（59█、104█、23█、51█）色彩刻画墙上的挂画（在室内中的挂画能起到平衡画面、丰富色彩和活跃视觉等作用）。

10 强调细节同时要考虑到画面整体色彩协调，用Touch（43█、WG6█）号绿色刻画枕头细节，用Touch（95█）号棕色表现木质家具的暗面，用Touch（62█）号深蓝色表现玻璃的反光等深色区域。
最后用Touch（120█）号黑色刻画墙角、家具与地面的衔接处等地方，这样会让家居有落在地上的感觉，也会让画面更加"响亮"。

完成效果

11 用白色高光笔画地板的亮面，这样要刻画的形体、空间就表现完成了。

7.4 厨房表现技法

这是一幅徒手表现的厨房作品，整幅画面是从厨房的主体物开始起笔，按照从整体到局部再到整体的顺序完成的。

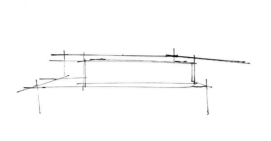

定家具位置

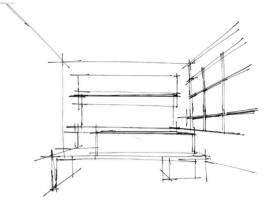

空间与家具位置

01 用针管笔在纸面上直接刻画厨房的主体物，徒手画线条尽可能要画直些。

02 沿着厨房的主体物画出整个空间，注意厨房的空间透视比例、结构。这时的整体结构就确定了，不正确的线条可以画两遍，个别不正确的地方可以画三遍，如果线稿出错过多就要重画了。

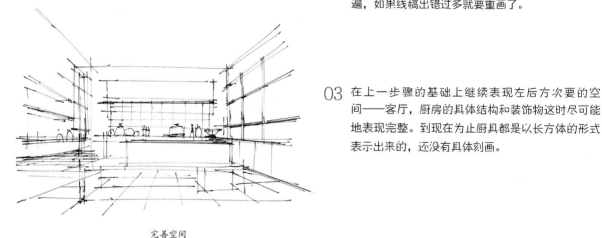

完善空间

03 在上一步骤的基础上继续表现左后方次要的空间——客厅，厨房的具体结构和装饰物这时尽可能地表现完整。到现在为止厨具都是以长方体的形式表示出来的，还没有具体刻画。

04 刻画出厨柜的具体比例与结构。线条到现在为止会有些乱，但是自己要做到心中有数，所表现的家具要清楚。

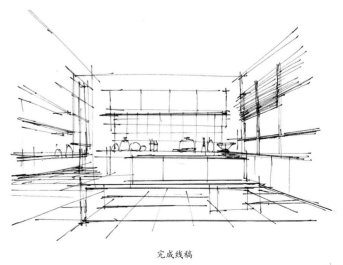

完成线稿

05 对厨房进行整体着色，用Touch（WG2■■）号暖灰色表现白色免漆橱柜，注意笔触的编排（色彩是从左向右渐变，因为右边有室外的阳光透过窗子投射到厨房中），橱柜的边缘和窗框是深色金属材质用Touch（99■）号棕色刻画，窗上的卷帘用Touch（104■）号黄色表现，用Touch（185■）号浅蓝色画玻璃的底色，深色的陶瓷地砖用Touch（BG3■）号蓝灰色刻画。

开始定厨房色调时，要特别注意色彩的选择，这一阶段基本就可以定出厨房的整体色调了。

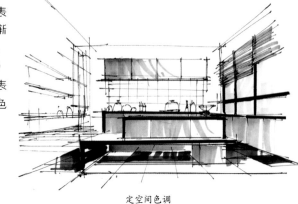

定空间色调

丰富空间色彩

06 继续丰富画面色彩，用Touch（100■、97■、WG3■）号黄色画出左后方客厅的基本色彩，右面的墙用Touch（WG3■）号暖灰色加强。此时厨房的基本色彩都画过一遍了。

07 用同色系的马克笔画厨房第二遍和第三遍颜色，在这一阶段中与前面所讲的画图步骤相同，着重刻画厨柜厨具，色彩在同一色系的基础上加深。当徒手表现物体直线不是很理想时，可以用直尺对局部的形体加以刻画。

家具与小饰品在空间中要服从整体色调的安排，形体表现得是否具体也要按照整体效果来布置。

刻画细节

最终效果

08 橱柜与地面衔接处和墙角都采用Touch（120■）号黑色刻画。用油性白色铅笔刻画地砖的高光处和橱柜的亮面。

7.5 公共空间表现技法

玻璃的质感在公共空间中是比较难表现的内容，这一范例表现的重点是玻璃的虚实变化。

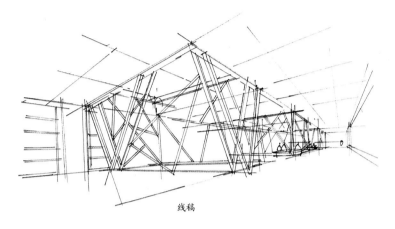

线稿

01 这个公共空间线稿是用针管笔加直尺完成的，在空间中由近到远有三个框架玻璃方体，主要表现的是近处这个，要求空间的透视感强烈，结构清晰。

02 画出玻璃、墙体、地面的基本色彩，分别用Touch（66■、WG2■、BG3■、97■）号色彩完成第一遍上色。墙面与地面是随形编排马克笔的笔触，画玻璃要按照光线的走向（从上到下倾斜）运笔，在玻璃中适当加些Touch（183■）号浅蓝色使玻璃的色彩更加丰富。

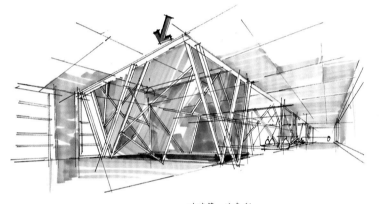

玻璃第一遍色彩

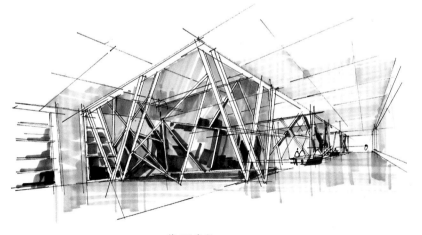

第二遍色彩

03 用Touch（62■）号深蓝色表现反光与透过玻璃所看到的内容，运笔要求果断认真，色彩不能画过线框。用Touch（BG3■）号浅蓝灰色表现地面，笔触的编排是重点。

04 地面与墙面用同色系的深色画第二遍色彩，
　　使空间效果更加强烈。白色框架用Touch
　　（WG2▨）号暖灰色表现明暗关系。

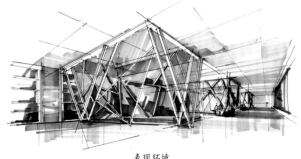

表现环境

加黑色强调空间

05 用Touch（120▪）号黑色刻画局部的
　　玻璃（黑色不要用过多，否择会破坏
　　玻璃的通透效果，然而"黑色最了解
　　玻璃"）。用Touch（WG3▪）号暖
　　灰色加强框架的空间效果，不能画得
　　过黑，否则就不是白色的框架了。白
　　色线条的地方最好是留白，这样要比
　　高光笔画出来的效果好。

7.6　休闲茶室表现技法

01 这是徒手勾画的室内空间线稿，线稿较
　　完整，线条清晰，空间、植物与窗帘线
　　条流畅。

墨线稿

02 用Touch（96▪）号棕色表现木质地板与沙发，
　　沙发的靠背选用Touch（99▪）号棕色表现，中
　　式椅子用Touch（95▪）号棕色表现，用Touch
　　（75▪、50▪）号紫色、绿色表现窗帘，用
　　Touch（BG3▪）号蓝灰色表现近处的墙面，里
　　面的墙面颜色采用Touch（WG2▨）号暖灰色。

第一遍着色

第二遍着色

03 里面的墙用Touch（WG3■）号暖灰色画第二遍，使墙面更有层次感。用Touch（88■）号紫色画两遍以增强窗帘的褶皱感，吊灯用Touch（23■）号黄色刻画，窗子玻璃用Touch（185■）号浅蓝色表现。

丰富细节层次

04 用Touch（WG5■）号深色暖灰强调内墙的空间进深效果，窗帘用Touch（83■）号紫色以增强窗帘的图案与褶皱效果。远处的植物用Touch（42■、59■、47■）号绿色表现。

05 采用Touch（120■）号黑色刻画墙角和家具与地面接触的地方，这时可以用直尺对局部进行刻画。

表现投影

06 最后一步是用色铅笔对局部进行细致刻画，用黑色色铅笔表现内墙角与墙面，还有沙发的侧面与后面，窗帘采用紫色的色铅笔表现，色铅笔的排笔都朝一个方向排列。地板采用白色的色铅笔表现光感，近处的植物用Touch（47■、43■、51■）号绿色表现，笔法与棕榈树的画图技法相同。

最后完成的效果是用色铅笔加深色和提高光完成，这也是常用的画图技法。

最终完成效果

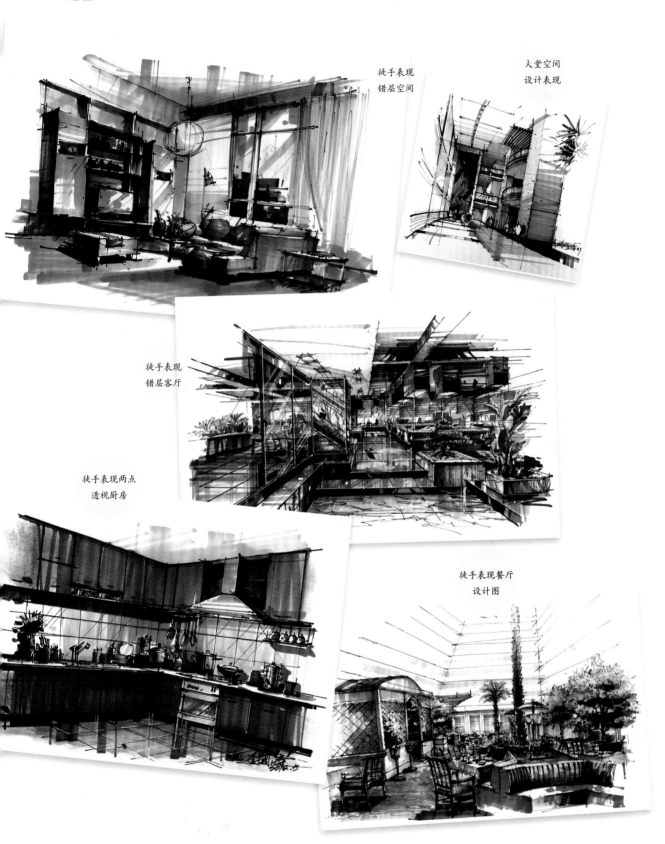

徒手表现
错层空间

大堂空间
设计表现

徒手表现
错层客厅

徒手表现两点
透视厨房

徒手表现餐厅
设计图

直尺表现大堂
设计效果图

商业空间设计
表现

徒手刻画餐厅
设计图

徒手表现咖啡
厅设计图

直尺表现一点
透视厨房

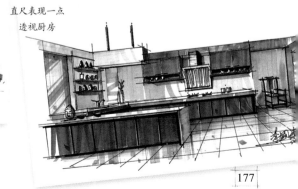

第8章

景观设计
综合表现技法

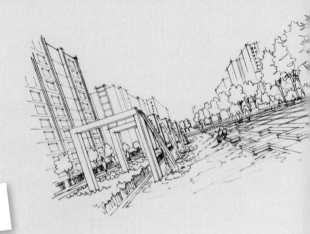

8.1 景观设计表现

范例 1：有桥的景观

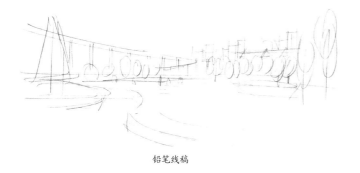

铅笔线稿

01 用铅笔确定好场景的空间、构图位置，着重是景观场景中的前景、中景、远景的透视和比例关系。

02 用针管笔刻画场景中的元素如乔木、灌木、立交桥等的形象，重点是立交桥的透视、比例、结构应正确。

03 给场景中的植物着色。近处植物用浅绿色，远景植物用深绿色。笔法可以参照表现植物章节。

04 用马克笔着重刻画远景植物与建筑物，画面中色彩关系要遵循近暖色、远冷色的规律。

05 在景观绘制过程中，植物占据着大面积的色彩，所以先刻画植物的绿色。在画面中构图的需要重要植物用笔的表现方法也有所强调，次要的植物用笔要省略地表现。用Touch（47■）号绿色表现前景植物，用Touch（59■、172■）号浅绿色表现远景的植物，基本定出来"近暖远冷"的色彩关系。个别的植物可以画成Touch（84■、104■）号紫色、黄色等鲜艳的色彩。

范例2：商业地产景观

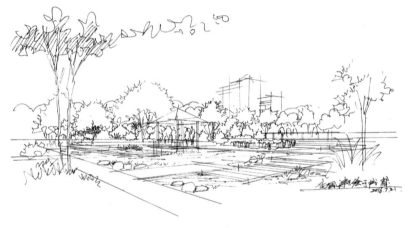

01 用铅笔起稿确定景观功能的位置，用针管笔细致刻画植物、地面、水体、建筑物等。要注意空间中形体的透视和比例。

02 用几个色彩确定整幅画面的色调。色彩的表现原则是近浅远深、近暖远冷。

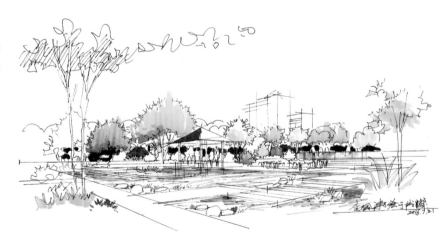

03 用紫色、红色、黄色等丰富画面
　 色彩，远景植物用深冷色系的绿
　 色来表现。

04 完善画面效果，用
　 马克笔刻画远处的
　 天空与植物。

05 用深色马克笔刻画水景，逐步完善画面形体，以丰富画面色彩。

范例 3：住宅小区景观

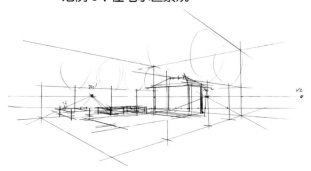 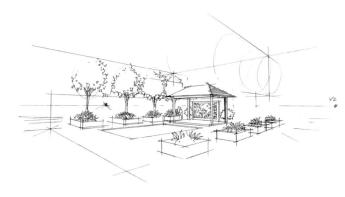

01 先确定视平线在画面的中间偏下的位置，铅笔起稿，确定主要植物与建筑物的空间位置。

02 针管笔刻画空间中主要植物与凉亭，刻画植物的线条应流畅、自然。

03 逐步丰富场景中的植物与远处的配景，要求场景中的植物与配景的形态应表现生动。

04 用浅绿色定画面的基本色调，要有近浅远深的色彩变化。

05 用红色、紫色丰富画面色彩，同时增强图中的远近空间效果。

06　最后完善画面，整体调整景观场景的植物主次、前后、冷暖的对比关系。

8.2　拷贝纸作图表现技巧

范例1：利用拷贝纸勾画线稿

第一遍线稿

01　用铅笔画出景观空间透视关系和基本结构。画第一遍线稿时可用白色打印纸。

两遍线稿重叠的效果

02　用拷贝纸附在第一遍线稿上（利用拷贝纸的透明性），在第一遍稿的基础上描画复勾第二遍线稿，这时的线稿相对准确些但还不是最正确的，这时徒手表现线稿线条可以流畅些，不要拘泥于细节。

第二遍线稿

第二遍与第三遍线稿重叠的效果

03　这是第二遍线稿的效果，现在的景观空间就清晰多了，但还有一些细节没有确定下来。

04　再用一张新拷贝纸附在第二遍线稿上，依据第二遍线稿继续刻画景观内容，这时可以用直尺认真地表现景观内容。植物的表现技法，请参阅前面的章节。

05　这是最终效果，如果要对方案改动可以再附一张拷贝纸，再刻画一次线稿，直到画好为止。

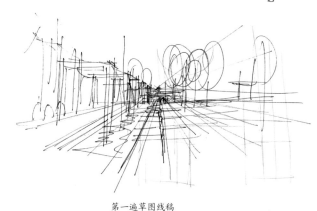

第三遍线稿

范例2：利用拷贝纸调整线稿

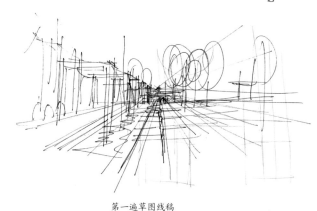

第一遍草图线稿

01　根据平面图勾勒出景观场景意向图，线条可以随意、凌乱些。

02　把一张拷贝纸放在草图上面，以第一遍草图为参考，调整景观元素的具体位置。

第二遍草图线稿

03 在第二遍线稿的基础上再蒙一张拷贝纸
画第三遍线稿，要描绘出乔木、灌木、
水体的具体位置和周围的建筑物。

第三遍线稿

第三遍与第四遍线稿

04 在第三遍线稿的上面蒙一张拷贝纸，
画出第四遍线稿。这是两遍线稿重叠
的效果。

05 在第四遍线稿中已经把景观场景
中的内容都表现出来了，这是最
终效果。

如果要改动设计方案，可以在第四
遍线稿的基础上再蒙一遍拷贝纸，
再画一遍线稿，直到画好为止。

第四遍线稿

画景物基本色彩

06 用Touch（47 ■）号绿色表现
近景的绿篱和乔木。再用Touch
（183 ■）号蓝色表现水体。远
处的乔灌木用Touch（50 ■、
43 ■）号绿色表现。

表现建筑物色彩

07 继续丰富景观中的色彩。用Touch（15■）号红色表现红色景观柱，再用Touch（97■）号黄色表现左面的建筑立面，远处建筑的外立面用Touch（BG4■）号蓝灰色表现。用Touch（WG3■）号暖灰色画地面色调，绿篱的暗面则用Touch（43■）号绿色表现。马克笔画在拷贝纸上时色彩会变浅。

表现天空色彩

08 用Touch（66■）号蓝色表现天空，远处的树木用Touch（51■）号深蓝色表现。

丰富色彩

09 用Touch（75■）号蓝紫色表现远处天空的层次，近处水景用Touch（62■）号深绿色表现岸边与水的关系，人物还是用鲜艳的颜色，以活跃画面。

10 最后一步是调整阶段，用Touch（96■）号黄色把地面的拼花表现出来。

最后完成效果

拷贝纸表现水景

范画

编排笔触与
色彩搭配

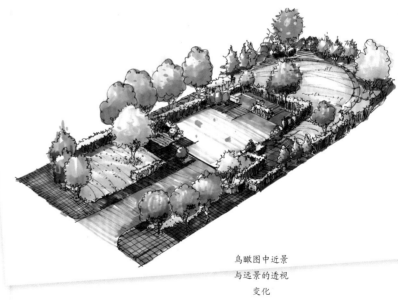

鸟瞰图中近景
与远景的透视
变化

色粉表现景
观地面和建
筑立面

水景的色彩要
与天空的色彩
有所区分

乔灌木的表现笔
触要有变化，近
景与远景的绿色
要有区分

2010.7.20

这个场景是用
明快的色调刻
画出来的

近景植物用暖绿色
表现，远景植物用
冷绿色表现

主景与背景的
冷暖色彩对比

河岸与水体的衔
接关系，建筑的
明暗光影关系

鸟瞰图的透视
关系是重点

在鸟瞰图中植物
的表现要注意色
彩的冷暖变化和
透视变化

水景不单单是一种
蓝色，可以是"丰
富多彩"的

景观设计1

景观设计3

景观设计2

《黄金乐园》
主题公园景观
设计局部1

《黄金乐园》主题
公园景观设计

《黄金乐园》
主题公园水车
游乐景观设计

《黄金乐园》主
题公园景观设计
局部2

《黄金乐园》主
题公园景观设计